世界空軍圖鑑：

全球164國空軍戰力完整絕密收錄

柿谷哲也著

序言

於全世界194個國家中，加入聯合國，並保有航空器或運用空軍作戰的國家有163個。本書透過概要、照片、國籍標誌、配置數量、圖表等方式，來解說這163個國家，以及包含沒有加入聯合國的日本鄰國——中華民國在內的164國空軍戰力。本書也介紹了將來會成立空軍的東帝汶及實際上空軍戰力已經被消滅的巴貝多兩國，加上北大西洋公約組織（NATO）與聯合國。因此盡其所能地介紹了172個國家與2個機構的空軍戰力。

國外也出版過許多介紹世界空軍的書籍，但以全彩方式介紹超過160個國家的，應該前所未見。

書中所介紹之配置、數量等數字，是比對過各種資料，再加上最新情報計算而出。但因各國均沒有正式公布正確數字，因此這些資料只能仰賴外部機構的調查，或是媒體所報導的內容取得。加上裝備數量是否該將「保管」與「預備配置」的數量也列入計算，這方面的考量也是因人而異，因此希望各位讀者將這些數字當作一個參考就好。

本書中的照片都是選用該國配置戰機的照片，因此閱讀本書的樂趣，就是將說明內容與配置數量的數據，搭配所刊載之照片來體驗該國空軍的特色與戰力。唯有一點缺憾，即是於校稿完成時（開始印刷前），都無法獲得不丹王國與獅子山的照片，為此對各位讀者致上最深的歉意。

柿谷哲也

2014年5月

▶各式數據所依據的判別方式

「戰鬥力」是依照該國空軍所配置的戰鬥機、戰鬥直升機、可執行輕型攻擊任務的教練機等戰鬥用航空器之數量所計算出來的分數。「運輸力」是依照配置的運輸機、運輸直升機等戰術用航空器之數量所計算出來的分數。「支援力」是依照配置的空中加油機、偵察機、救難機等作戰支援用航空器的數量所計算出來的分數。「訓練、教育」是依照空軍是否負責教育外國軍隊、定期舉辦或參加內容艱深之多國訓練、設置專門的教育訓練部隊、運用高級、中級或初級教練機、將相關業務委任給國外或外部機構等各種狀況所計算出來的分數。「先進性」是依照是否導入本國的世界頂尖技術、是否運用獨自研發的國產戰鬥用航空器、配置仿製戰機或獨自改良戰機、配置各世代戰機、被動地參加研修等狀況所計算出來的分數。

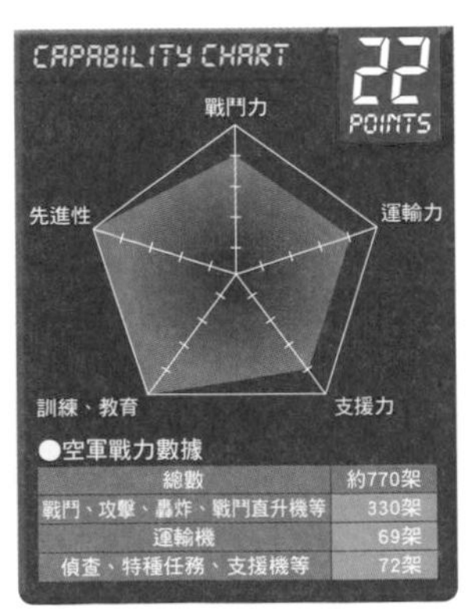

總數	約770架
戰鬥、攻擊、轟炸、戰鬥直升機等	330架
運輸機	69架
偵查、特種任務、支援機等	72架

＊「空軍戰力數據」中的總數，與各機種的總數不同。

全球164國空軍戰力完整絕密收錄

Contents

Section1 亞洲東部 19

Section2 北美洲 47

Section3 歐洲 57

Section4 亞洲西部 101

Section5 非洲 127

Section6 中美洲 163

＊內文註1至註8之補充說明，請見P192。

Section7 南美洲 173

Section8 大洋洲 187

Strategic Column

Air Force Column

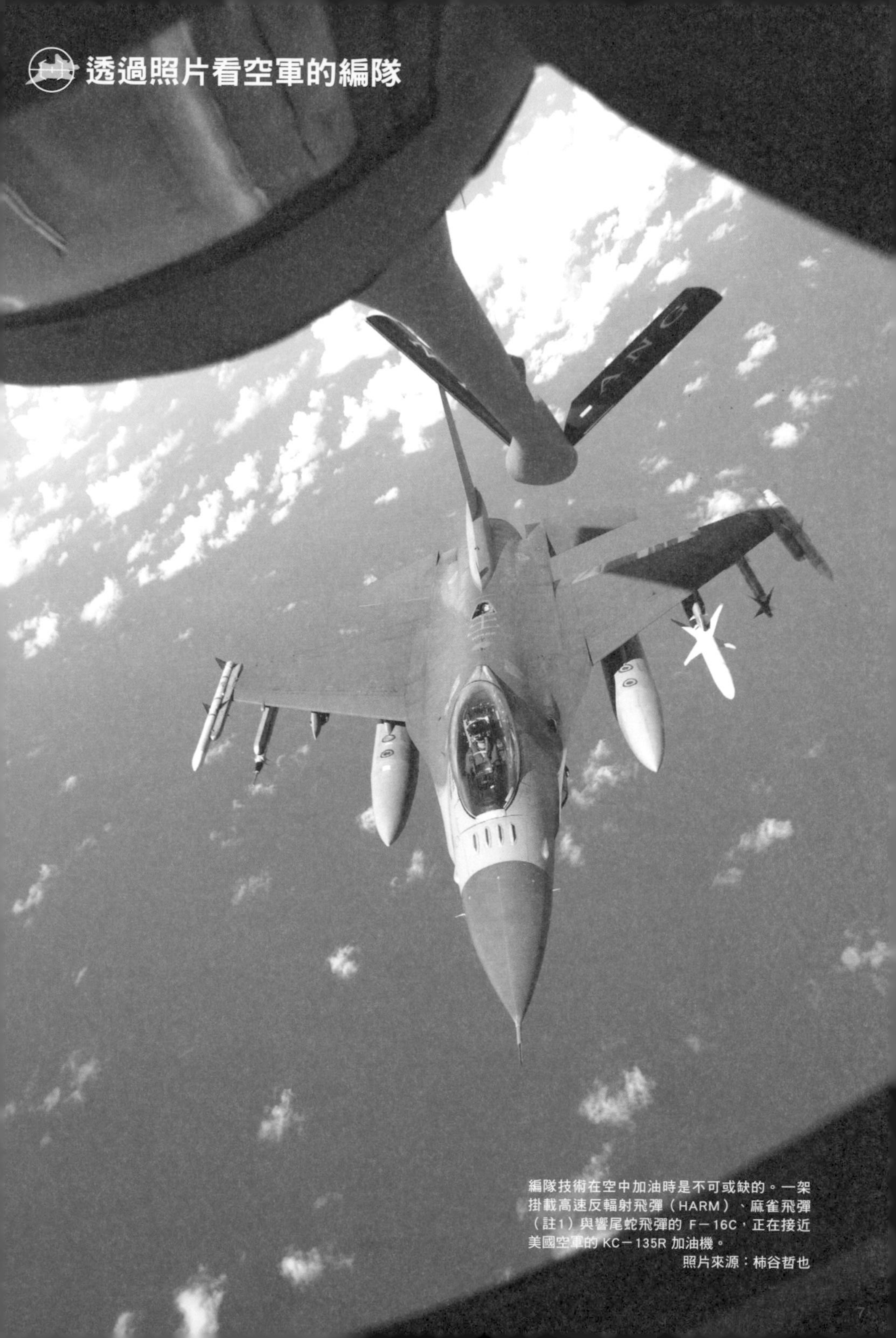

編隊技術在空中加油時是不可或缺的。一架掛載高速反輻射飛彈（HARM）、麻雀飛彈（註1）與響尾蛇飛彈的 F－16C，正在接近美國空軍的 KC－135R 加油機。

照片來源：柿谷哲也

2013年，在位於關島所舉行的日美澳聯合共同演習 Coop－north 2013中，組成編隊的參演戰機。由前至後依序為澳大利亞空軍的 F／A－18A、航空自衛隊的 F－2A、F－15J、美國空軍的B－52H、F－15C、F－16C、美國海軍的 EA－18G。　照片來源：美國空軍

從莫斯科郊外的庫賓卡（Kubinka）空軍基地，編隊起飛的俄羅斯空軍Mi－28攻擊直升機。直升機的編隊技術會受到地面部隊與地形的影響，因此需要非常高明的技術力。

照片來源：柿谷哲也

ВВС РОССИИ
05

目前世界空軍戰力的最新狀況

跟海軍與陸軍比起來，歷史較短的「空軍」

在軍事戰力之中，「海軍」平時就會派遣艦艇前去周邊警戒，或是前進到對方國家附近的海域進行警戒監視的任務，如果戰爭爆發，就必須實行「Boots on the graud（兵力部署）」這個策略，讓「陸軍」的部隊能從地面前進。這就表示不論是為了保護國民，還是佔領對方的領土，不管最後做出什麼樣的政治判斷，人（士兵）就是主要的戰力。

而使用航空器支援陸軍與海軍，讓陸軍與海軍的作戰能夠有效且有利進行的戰力，就是「空軍戰力」。以前日軍的陸軍與海軍之下，皆各別擁有使用航空器進行作戰的「航空隊」，而沒有「日本空軍」這種獨立組織，是因為當時認為空軍是用來支援陸軍與海軍的戰力。包含美國在內歷史悠久的軍隊之中，「空軍」都是歷史較短的軍種。這裡就來看看空軍的本質，也就是「空軍戰力」到底是什麼吧！

擁有「轟炸機」的國家只有美國、俄羅斯與中國

以航空器攻擊敵軍目標的任務，稱為「Strike（攻擊力）」。以戰鬥機、攻擊機、戰鬥轟炸機等機動性較

美國空軍所使用的洛克威爾 B－1B 轟炸機。

照片來源：美國空軍

佳的戰術戰機實施攻擊時，雖然因為機體大小的關係，能夠掛載的炸彈不多，但是在遭遇敵軍戰鬥機襲擊時，就能夠展開空戰。另一方面，擔任攻擊主力的轟炸機，因為機體較大，而能夠掛載較多的炸彈，具備能夠一次就毀滅敵軍據點或都市機能的能力。可是，卻沒有針對敵軍戰鬥機攻擊時的自衛方式。

目前擁有「轟炸機」的國家，就只有美國、俄羅斯與中國（北韓也擁有轟－5這種老式且小型的轟炸機，但以現代「轟炸機」的掛載炸彈量來看，實在是太少了）。在執行攻擊作戰時，基本上會先由負責破壞敵軍防空網的戰鬥機或電子作戰機（簡稱電戰機），有限度的攻擊敵軍雷達站或防空飛彈陣地來破壞防空網，接下來則是由擔任主力的轟炸機，在多數戰鬥機的護航之下進入作戰區域，對敵方軍事據點等目標投放炸彈。這時候如果遇到敵軍戰鬥機攔截，護航的戰鬥機就會跟敵機展開空戰。

上述這種攻擊作戰，因為一次會派出許多戰鬥機與轟炸機的編隊參加，所以就稱為「Strike Packge（美國空軍專用編制）」。Strike Packge停留在空中的時間較長，所以起飛之後，必須由空中加油機數度進行燃料補給。因為有好幾十架戰機參加作戰的關係，負責補給燃料的加油機數量當然也會增加。當編隊接近目標時，就會接受空中預警管制機（簡稱預警管制機或預警機，Air Early Warning, AEW）的管制。

預警管制機裝備高性能的雷達，能夠預警監視敵軍戰鬥機，把敵機的情報提供給護航戰鬥機，並進行攔截管制。

預警管制機在作戰中擔任指揮官的角色，負責下達攻擊目標的順序、攻擊結束後脱離的方向與高度、誘導戰機前往空中加油機的位置、如果有戰機發生意外，則將其誘導到可降落且最近的機場等之命令。能夠做到這一點的空軍就只有美國空軍，但最近俄羅斯與中國也逐漸能夠做到類似的事情。

在外交上被用來鬥智的「戰略武器」

包含日本在內，英國、法國等國家雖然沒有轟炸機，但是在地面攻擊任務這方面，雖然規模比不上美國，但還是能夠執行小規模的攻擊任務。世界上大多國家都採用讓戰鬥機掛載無法誘導的一般炸彈，在沒有管制與護航的狀態下，由飛行員本人自行判斷轟炸目標這種與第一次世界大戰時，完全相同的戰術，這些戰術目前在非洲與中南美洲都還在使用。

那麼在平時，空軍戰力會給國家「戰略（Strategy）」帶來什麼樣的改變呢？當一個國家在對他國實行外交政策時，戰力有時候就會變成鬥智的武器。這裡所提到的戰力就是「戰略武器」（編註：能夠有效嚇阻、摧毀敵方的毀滅性武器，目前泛指核武）。這些武器指的就是「洲際飛彈」、「遠程轟炸機」、「戰略核子潛艦」，這些都是能夠掛載「核子武器」的載具。此外，雖然因偵查衛星的出現，而「戰略偵察機」（編註：偵查目標國的軍事力量，以及影響其戰力之一切相關資源的情報蒐集，須飛入目標國領空，偵查時間不只限於戰爭前後時期）變得比較沒有機會被用到，但只要擁有這些武器，在外交上進行鬥智時，就會比較有利。目前在空軍戰力中，主要擁有戰略武器的也是美國、俄羅斯與中國（另外還有些國家可能保有核子飛彈。編註：確定有核武的國家另外還有英國、法國、印度、巴基斯坦、北韓）。但是，擁有核子武器的國家，只能對同時也擁有核子武器的國家，進行核子武器的戰略外交（也就是發動核子戰爭）。以此觀點而論，中國就不能對日本採取以核子飛彈作為威脅的外交（編註：此觀點為作者個人觀點）。

俄羅斯因烏克蘭問題對抗北大西洋公約組織（NATO）

有很多國家因為預算有限的關係，而無法讓空軍戰力變得充實。因此如果與鄰國是同盟關係，就會採取一同抵禦外敵的方法。第二次世界大戰結束後，歐洲小國了解到軍事戰力跟國家存亡有直接關係而建立同盟國，實行請同盟國保護自己的方針。例如盧森堡並沒有戰鬥機，因此請鄰國比利時保護自己，而比利時則是在海軍戰力這方面仰賴荷蘭協助。這些就是建立在彼此擅長領域中，互相協助之體制的例子。

北大西洋公約組織（NATO）就是歐洲最大的安全保護組織，目前有28個國家加盟。以對抗由蘇聯主導的華沙公約組織，直到蘇聯解體，華沙公約組織在1991年解散。而俄羅斯則曾企圖在2014年時，併吞經國際承認，屬烏克蘭領土的克里米亞以再次增強勢力，其目的就是想要拉攏前蘇聯的成員國，成立能夠對抗北大西洋公約組織（NATO）的組織。

北大西洋公約組織（NATO）與華沙公約組織，皆是以空軍戰力來代理社會體制的對立組織，但因冷戰結束以及社會主義國家解體的關係，以美國為首的北大西洋公約組織（NATO）同盟國，變成主要以對抗恐怖分子組織為主的敵人。

作為反恐政策的一部分，因而變得受矚目的空軍

從冷戰時代開始，就存在著以對抗先進國家為目標的恐怖分子組織。因此近年來，先進國家會投入空軍戰力來對付蓋達等龐大的恐怖分子組

掛載反戰車飛彈與精密導航炸彈的MQ－9死神無人攻擊機。 照片來源：美國空軍

織，藉此削弱敵人的實力。在阿富汗的反恐戰爭中，美國空軍轟炸部隊一如往常的進行全面性轟炸任務。而無人飛機UAV也變成了空軍中的全新「戰力」。美國與以色列已經把UAV投入反恐作戰中，UAV可以執行攻擊以往因危險性較高，而戰鬥機與攻擊機無法攻擊之目標的任務等之作戰，就此確立為有效空軍戰力之地位。

美國為了執行反恐政策，而期待同盟國的空軍戰力能夠執行「攻擊任務」、「偵查任務」，並且「共享情報」。2014年發生馬來西亞航空客機失蹤事件時，美國就與靠近事件現場的澳大利亞等同盟國一起進行搜索並且共享情報。因為這起失蹤事件，有可能是恐怖攻擊造成，因此美國期待各國的軍用機，能運用搜索能力以得獲「部分恐怖攻擊情報」，藉此預測下一個恐怖攻擊行動。

早期先進國家在外交方面，均重視名為「砲艦外交」的海軍戰力，但是現在倍受威脅的國家海軍戰力都不強，而且對付恐怖分子「砲艦外交」根本派不上用場，使得環境的安全保護變得更複雜。可以說在這樣的環境之中，作為海軍與陸軍作戰後盾的空軍戰力，跟國家的安全保障有密切關係的時代已經來臨了。

與日本有關的空軍戰力

維持東亞平衡的美國空軍

在世界上，沒有任何一個地區像東亞這樣，空軍戰力對地區安全平衡的保障有幫助。而維持著這個平衡的國家，就是擁有全世界最強之空軍戰力的美國。美國空軍在日本的三澤基地、嘉手納基地與韓國的烏山基地，配置配置F－16或F－15的部隊，關島則是配置轟炸機部隊。另外，美國海軍還在以橫須賀基地為母港的喬治華盛頓號航空母艦上，配置由4個戰鬥機部隊與1個電子攻擊部隊組成的航空母艦航空團。

另外，美軍還會從本土派遣部隊，前來與東亞個國的空軍進行共同演習。展現出這種行動的作為就叫做「戰力展示」，展現的對象就是中國、俄羅斯與北韓。這3個國家的軍備雖各有長短，但可以確定的是都在繼續增強。只要這3個國家繼續增強軍備，美國應該就會繼續進行戰力展示。為的就是保護自己與同盟國及其利益有關之地區的安全，因此才配置強大戰力的部隊在東亞。

與中國、俄羅斯、北韓對峙的航空自衛隊

日本與這3個國家之間都存在著國際問題，為了對抗來自這3個國家的威脅，而維持自衛隊的運作。中國擁有數量為全世界排名第二的戰鬥機，而且正在急速的近代化。俄羅斯也明確的表態要重新武裝極東地區的部隊，將來戰力有可能會繼續增強。空軍戰力降低的北韓，則是透過開發彈道飛彈來彌補一般戰力。

日本本來應是要跟俄羅斯、中國、北韓以外的韓國（南韓）、中華民國與菲律賓一起聯手維持地區的安全。雖然韓國是日本最必須要聯手的國家，但是兩國之間存在著領土問題，韓國並不願意跟日本協調。但另一方面，美國空軍也會跟航空自衛隊一起舉行訓練這般，與韓國空軍一同進行訓練，以防備北韓的入侵。

日本與韓國都共享，美國基於戰略所策劃出來的戰術策略，因此如果日本、美國與韓國能夠聯手，應該就能夠建立起足以對抗周圍威脅的空軍戰力。而擁有足夠空軍戰力的中華民國，應該也可以跟日本聯手對抗中國，但因為政治上的問題，讓兩國處於無法進行防衛交流的狀態，這是非常可惜的事情。如果日本與中華民國能夠建立起，有如由美國與加拿大共同建立的北美防空司令部組織，則釣魚台附近的狀況，應該就會變得更加穩定。此外與日本同樣必須保護東海不受中國入侵的菲律賓，則是處於連防空系統都沒有建立的狀況之下。正因為處在這樣的備戰環境之中，所以日本必須與美國一同努力防止地區空軍平衡的戰力崩潰。

為了因應緊急起飛，而掛載實彈待命的航空自衛隊F－15J戰鬥機。 照片來源：柿谷哲也

何謂防空識別區

防空識別區（ADIZ：Air Defense Identification Zone）就是為了防止外國軍機，或沒有提出飛行計畫的航空器進入日本領空，而判斷是否該讓航空自衛隊的戰鬥機出動（緊急起飛）的防衛界線。設置的前提是——這個區域為設置防空識別區之國家的雷達無法完全監視之處，因防空識別區是設置國主權不及的區域，因此他國航空器可自行進入，但是設定防空識別區的國家不可任意擊落對方。在防空識別區內，我方飛行員可以提醒對方的飛行員，如果對方在我方警告之後還進入我方領空，那麼我方就可行駛主權。而其他地區，有些國家會在他國領土上設定防空識別區，如北韓的戰機從南部的基地起飛之後，就能夠馬上到達韓國，因此韓國必須把防空識別區設定到北韓領土上空，才能夠派出戰機緊急起飛。另外，近年來中國主張把防空識別區擴大到釣魚台附近，以戰略的觀點來看，如果「默默的設置」可能會造成日本的困擾，但中國卻刻意對外公布，這可能是為了平息國內的輿論，不然就是根本不了解防空的意義。

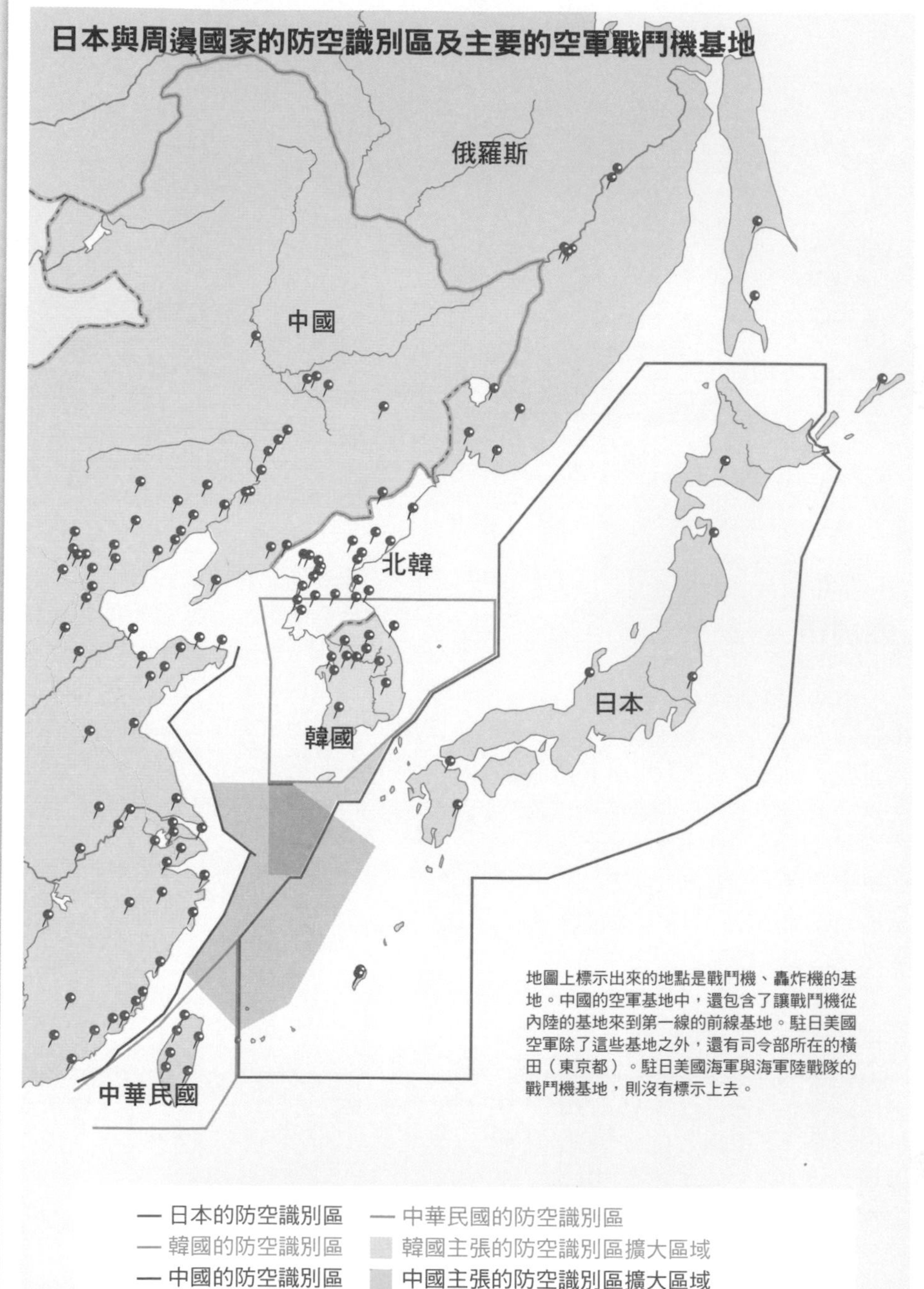
日本與周邊國家的防空識別區及主要的空軍戰鬥機基地
俄羅斯
中國
北韓
韓國
日本
中華民國
地圖上標示出來的地點是戰鬥機、轟炸機的基地。中國的空軍基地中，還包含了讓戰鬥機從內陸的基地來到第一線的前線基地。駐日美國空軍除了這些基地之外，還有司令部所在的橫田（東京都）。駐日美國海軍與海軍陸戰隊的戰鬥機基地，則沒有標示上去。
日本的防空識別區
中華民國的防空識別區
韓國的防空識別區
韓國主張的防空識別區擴大區域
中國的防空識別區
中國主張的防空識別區擴大區域
各國主要的空軍戰鬥機基地

照片來源：柿谷哲也

Section 1

全球164國空軍戰力完整絕密收錄

亞洲東部

已經決定配置隱形戰鬥機 F－35A 來強化防空體制

日本國航空自衛隊

Japan Air Self Defence Force

空軍冷知識

不稱為「日本空軍」，是因為日本的國家行政組織法中，將擁有戰力的組織定義為「自衛隊」，而主要在空中活動的自衛隊，就被定義為航空自衛隊。

三菱 F－2A 支援戰鬥機：由日本與美國以 F－16為基礎共同研發，可掛載反艦飛彈與精密導航炸彈。 照片來源：柿谷哲也

航空自衛隊就是日本的空軍戰力。防空的主力為156架，自1981年起配置的三菱 F－15J 戰鬥機與45架 F－15DJ 戰鬥機。地面與反艦攻擊的主力為64架三菱 F－2A 支援戰鬥機與15架雙座型的 F－2B，而航空自衛隊將戰鬥攻擊機稱為「支援戰鬥機」。另外大約50架的 F－4EJ／EJ 改戰鬥機，也能進行地面攻擊。這些戰鬥機由 E－767預警管制機與 E－2C 預警管制機進行管制，他們裝備的搜索雷達範圍比一般戰鬥機的雷達更廣，在空戰時就能夠佔有優勢。另外，為了延長戰機在空中停留的時間，KC－767空中加油機能夠對 F－15J／DJ 與 F－2A／B 進行燃料補給。

除配置15架可支援陸上自衛隊空降作戰，或海上自衛隊布雷任務等任務的 C－130H 運輸機外，另外配置26架國產的川崎 C－1運輸機。作為 C－1後繼機種的川崎 C－2運輸機，目前正在進行研發。直升機的運輸主力是 CH－47J 運輸直升機，這種直升機也可執行搜索救難任務。專門用來

為了執行戰術偵查任務而配置 RF－4E 偵察機，但將來會改由配置偵查夾艙的 F－15接替。

照片來源：柿谷哲也

主力戰鬥機三菱 F－15J 戰鬥機：這是美國空軍、以色列與沙烏地阿拉伯所使用的 F－15C 的日本版。照片來源：柿谷哲也

救難的戰機是 UH－60J 救難直升機，會先派 U－125救難機前往現場進行搜索，再由 UH－60J 直接進行救援。最近 UH－60J 增加了空中加油功能，所以能透過經由 C－130H 改造而成的 KC－130H 空中加油機進行加油，就能夠增加他的航程（編註：UH－60J 原本無空中加油功能，改造後才能透過 KC－130H 進行空中加油）。

汰換 F－4EJ／EJ 改的下一代主力戰鬥機（F－X），已經決定採用具備隱形性能的 F－35A 戰鬥機，目前可能會配置42架。另外三菱重工也決定生產 F－35A，因此亞太地區也有了維修據點。

負責研發新型戰鬥機的防衛省防衛技術本部，預定在2014年試飛有「心神」之名的 ATD－X 先進技術實驗機。

在執行搜索救難任務時，由 U－125救難機先抵達現場，再由 UH－60J 救難直升機進行救援。
照片來源：柿谷哲也

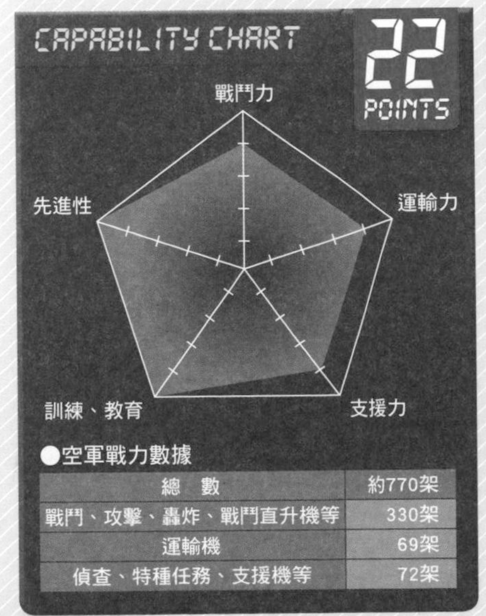

●空軍戰力數據

總　數	約770架
戰鬥、攻擊、轟炸、戰鬥直升機等	330架
運輸機	69架
偵查、特種任務、支援機等	72架

空軍冷知識

1998年，3名航空自衛隊飛行員，前往俄羅斯接受 Su－27的操縱訓練。當時的目的是為了了解戰機的性能，但也有媒體報導這次的任務是「以預備引進及配置此機種為前提」而前往俄羅斯。

空軍冷知識

防衛省以「俄羅斯」、「中國」、「中華民國」、「北韓」、「其他國家」的區分，公布戰機緊急起飛的次數。「其他國家」是指韓國戰機、菲律賓戰機以及不會發送識別訊號的民航機。

C－130H運輸機不只可作為戰術用途，也會在災害發生時派遣到現場去，可以說是日本運輸能力的核心。
照片來源：柿谷哲也

航空自衛隊在1954年成立後，雖然沒有交戰經驗，但曾經在1987年12月9日，發生緊急起飛F－4EJ戰鬥機攔截侵犯沖繩周圍領空的蘇聯Tu－16J偵察機，並發射20mm機關砲進行警告的例子。此外，在更早之前的1976年9月6日，也發生F－4EJ緊急起飛攔截入侵領空的蘇聯空軍MIG－25P戰鬥機，但卻因為找不到對方，還讓對方降落在函館機場的「MIG－25事件」，因為這起事件，讓日本決定大大地強化防空體制。

E－767預警管制機：以裝備在背部的雷達監視敵機，並管制與攔截戰鬥機。 照片來源：柿谷哲也

用來培育戰鬥機飛行員的日本國產中級教練機T－4，這種教練機也會用來執行部隊聯絡等任務。照片來源：柿谷哲也

在派遣到海外進行任務這方面，航空自衛隊曾於2004年1月到2006年3月中，派遣C－130H援運輸陸上自衛隊前往科威特，支援美軍在伊拉克的任務行動，當時曾經在伊拉克各地進行運輸。另外在聯合國維持和平部隊的行動中，也曾經派遣C－130H與U－4多用途支援機多次支援運輸任務。

日本的航空自衛隊戰力，包含陸上自衛隊用來支援地面部隊的戰鬥直升機，以及海上自衛隊用來進行水面戰鬥與反潛戰鬥的偵察機。

戰鬥機的配置數量為世界第二的空軍

中國人民解放軍空軍

People's Liberation Army Air Force

空軍冷知識

2013年，全新研發的Y－20運輸機試飛成功。這是跟美國的C－17運輸機不相上下的大型戰術運輸機。

殲－10戰鬥機（J－10）：特徵為美妙的三角翼與前翼。　照片來源：柿谷哲也

中國人民解放軍空軍是中國共產黨的軍隊，雖然這是黨的軍隊，但事實上是國家的空軍。由於中國是世界上跟最多國接壤的國家，因此需要強大的空軍。以前是採用老式戰機來達到標準數量的戰略，但最近已經汰換成以第四代戰鬥機為主的新型戰機。

空軍在1949年成立後，曾經仿製蘇聯製的武器，而中國與蘇聯的關係也非常良好。但後來因領土問題造成兩國關係惡化，蘇聯也不再提供技術協助，因此中國只好獨自進行研發。文化大革命時期，雖然讓新型戰機的研發工作大幅度落後，但是在實行改革開放政策之後，中國逐漸變得富裕，因此研發工作也能夠加緊進行，目前就把進步的IT技術，以及從各國吸收的技術使用在武器研發上。

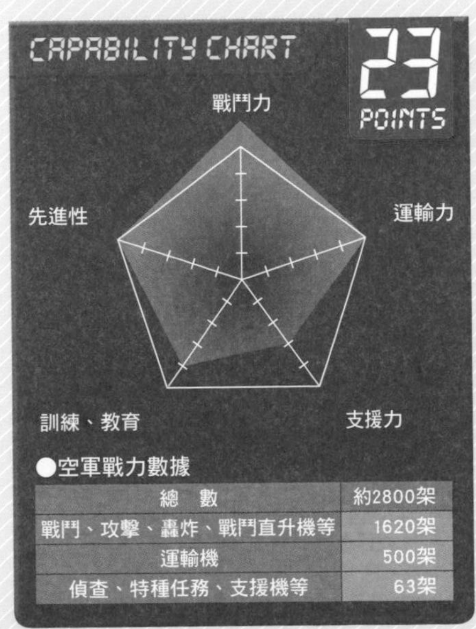

●空軍戰力數據

總　數	約2800架
戰鬥、攻擊、轟炸、戰鬥直升機等	1620架
運輸機	500架
偵查、特種任務、支援機等	63架

空軍冷知識

高性能引擎，是中國第五代戰鬥機能否研發成功的關鍵。目前全世界都在注意中國會仰賴從俄羅斯輸入，還是不惜花費時間成本，也要研製出國產引擎。

授權生產以Su－27為參考的殲－11戰鬥機J－11（註2）。 照片來源：柿谷哲也

主力戰鬥機，是2005年開始配置由成都飛機工業集團所生產的殲－10戰鬥機（J－10）。這是中國獨自研發的第四代多用途戰鬥機，目前可能已經配置200架。

瀋陽飛機工業集團授權生產以Su－27戰鬥機的殲－11，殲－11的衍生型是能夠進行地面攻擊的多用途戰機，目前合計生產172架。另外還配置76架從俄羅斯購買的Su－30MKK戰鬥機。目前這種戰機還沒有被仿製。今後還預定要配置48架從Su－30

以MIG－21為基礎，在中國國內研發的殲－8II戰鬥機（J－8II）。 照片來源：柿谷哲也

全天候型戰鬥轟炸機：殲轟－7（JH－7）。 照片來源：柿谷哲也

發展出來的Su－35（註2）戰鬥機。

目前由瀋陽飛機工業集團研發的殲－31戰鬥機，以及由中國航空工業集團公司研發的殲－20戰鬥機，都是第五代的隱形戰機，因此備受矚目。

人民解放軍到目前為止，參與過韓戰、侵台戰役、入侵東土耳其斯坦、入侵西藏、中印戰爭、中蘇國境戰爭、懲越戰爭、入侵菲律賓等戰爭，但空軍只有在韓戰與侵台戰役中參與戰鬥。在韓戰中，人民解放軍

由西安飛機工業集團製造的空警二百型預警機（KJ－200）。 照片來源：柿谷哲也

的MIG－15及MIG－15bis與蘇聯空軍的戰機一起對抗聯軍戰機。在這場戰爭損失的240架戰機之中，有224架是在空戰時損失的。在兩岸關係緊張的1958年後，人民解放軍的MIG－17曾多次與中華民國空軍的F－86戰鬥機爆發空戰，雙方都有損失；另外，還曾經以防空飛彈擊落從台灣起飛的美國空軍RB－57戰略偵察機。除此之外，目前已知的還包含曾以防空飛彈，擊落5架中華民國空軍的U－2戰略偵察機。在針對美國軍機的緊急起飛方面，2001年還曾經發生殲－8II戰鬥機與美國海軍的EP－3E電子偵察機，在空中撞機墜毀的海南島事件。

中國海軍也配置了約190架的戰鬥機與攻擊機作為航空戰力，陸軍也配置120架以上的戰鬥直升機。

圖說：西安飛機工業集團製造的轟－6轟炸機（H－6）。
照片來源：柿谷哲也

仿製MIG－21的殲－7EB（J－7EB）。
照片來源：柿谷哲也

空軍冷知識

中國海軍航空母艦搭載的是海軍的戰鬥機殲－15（J－15）。這是以空軍的殲－11（J－11）為基礎，參考從烏克蘭輸入的Su－33研發的戰機。

為防備來自北方的攻擊，因此重視預警的空軍

大韓民國空軍

Republic of Korea Air Force

F－15K Slam Eagle戰鬥機：用來汰換F－4D，成為地面攻擊的主力。 照片來源：Kim Namho

空軍冷知識

為了讓北韓的地對地攻擊，帶給空軍基地造成的損失減至最低限度，靠近北韓的江陵基地與蘇沃基地因此配置了老式的F－5E／F，而F－15與F－16則是配置在後方。

雖然韓戰目前處於停戰的狀態，但北韓空軍還是持續在挑釁，經常進行派戰機南下到國境附近後折返的牽制行為。韓國空軍透過地面雷達，以及各種偵察機監視北韓空軍戰機的動向，並且透過配置E－737預警機來強化這個體制。防空的主力是F－16C／D（Blk.32）戰鬥機，與由大韓航空（Korean Air Line）旗下的航空宇宙部進行研發與生產的KF－16C／D（Blk.52／52+）戰鬥機。這些戰鬥機配置約170架。攻擊的主力是配置60架的F－15K Slam Eagle 戰鬥機，這是將麥道波音F－15E戰鬥機，改造成能夠掛載SLAM－ER增程距外攻陸飛彈等武器，進行對地、對戰艦攻擊的戰鬥機。另外，可能還配置約70架F－4E戰鬥機。以數量取勝的主要主力是約180架F－5E／F戰鬥機，與授權生產的KF－5E／F戰鬥機，但將來部分的戰機可能會替換成國產的FA－50。

空軍是在1948年成立的，但是在當時的韓戰中，只靠美軍提供的F－51D戰鬥機根本敵不過北韓的噴射戰鬥機，因此，停戰

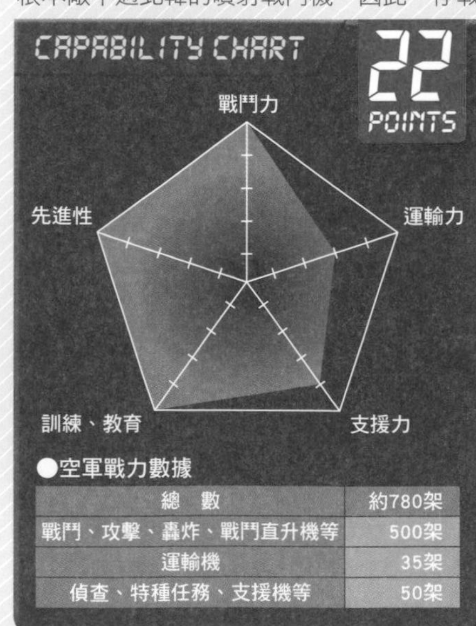

●空軍戰力數據

總　數	約780架
戰鬥、攻擊、轟炸、戰鬥直升機等	500架
運輸機	35架
偵查、特種任務、支援機等	50架

在1960年代以前，韓國國內還缺乏航空器維修能力，當時韓國空軍的F－86F曾經前往三菱重中小牧工廠維修。

國產的KF－16D：進氣口較國外進口的F－16小。　照片來源：Kim Namho

後配置F－86F、F－86D戰鬥機。F－5戰鬥機國產化成功後，提高了韓國的航空工業能力，而F－4D是靠國民捐款而配置的。雖然停戰後就沒有再跟北韓爆發空戰，但是到90年代為止，一直都有北韓空軍戰機前來投誠，韓國戰機也多次緊急起飛，誘導投誠的戰機到基地降落；在麗水外海半潛艇入侵事件（1998年）中，F－5戰鬥機在CN－235運輸機投放照明彈的支援下，成功擊沈半潛水艇；在2010年時，北韓榴彈砲部隊砲擊延坪島的事件，以及在2014年4月北韓的黃海砲擊訓練中，都為了攻擊敵軍陣地，

2012年開始配置的E737預警機。　照片來源：Kim Namho

將國產的T－50教練機，改造成FA－50戰鬥攻擊機後，也能夠執行地面攻擊任務。　照片來源：Lee Sangming

而讓掛載精密導航炸彈的F－15K緊急起飛，並在空中準備攻擊；在國外派遣方面，曾經派遣C－130H與CN－235運輸機參與國際貢獻活動。雖然曾經決定以F－15SE戰鬥機為新一代主力戰鬥機，但後來於2014年，決定改配置40架F－35A戰鬥機。

　　韓國陸軍則是運用AH－1F攻擊直升機作為航空戰力。

支援人民軍陸軍特種作戰方面有很大的貢獻

朝鮮人民軍空軍

Korean People's Air Force

空軍冷知識

北韓空軍的基地中，有幾個祕密基地，是戰機從挖空山地形成的機庫隧道裡滑行出來後，再從位於山邊偽裝成道路的跑道起飛的。

北韓空軍的MIG－21／F－7戰鬥機：因設備狀況佳較不需維修，因此妥善率（編註：設備故障時間，計算公式為：（買回來的全部時間－故障時間）／買回來的全部時間，計算出的即為妥善率。）可能比MIG－29優秀。 照片來源：朝鮮通信＝時事

北韓人民軍空軍曾經配置過從中國輸入的殲－5、殲－6、殲－7戰鬥機，以及從蘇聯與哈薩克輸入的Su－7、MIG－21、MIG－23、MIG－29戰鬥機。根據美國最新的報告指出，北韓配置484架以上的戰鬥機。攻擊主力上，配置合計194架的Su－25攻擊機與轟－5轟炸機。1986年，龜城市的戰鬥機工廠開始運作，這個工廠除了保養與維修戰鬥機外，似乎還會生產零件。

1984年，從西德企業購買休斯369D／369E通用直升機，據了解韓國陸軍則是使用同型號的MD500直升機，因此可以推測北韓有可能是為了在執行特種作戰時，用來假扮成韓國軍機進行滲透而購買的。2013年的軍事遊行時，還可以看到這些直升機展示飛行，由此可知還能使用。

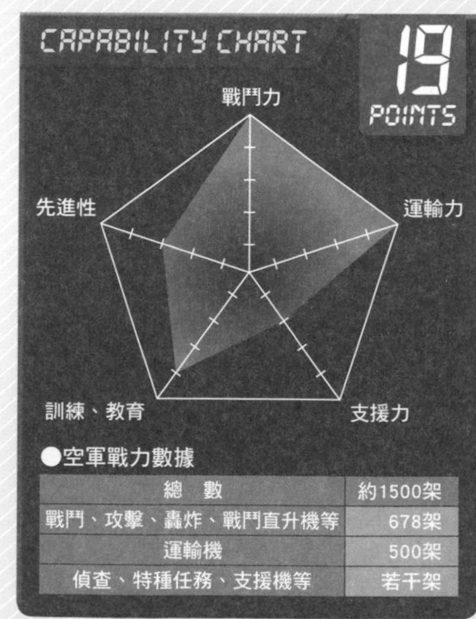

●空軍戰力數據

總　數	約1500架
戰鬥、攻擊、轟炸、戰鬥直升機等	678架
運輸機	500架
偵查、特種任務、支援機等	若干架

2013年，在中國國境採訪北韓發射飛彈相關新聞的電視台記者，偶然拍到Mi－2直升機，在義州市上空進行空降部隊垂降訓練的狀況。

2架Su－25攻擊機與正在降落的MIG－29UB戰鬥機：兩種戰機下方都採用深藍色的塗裝。　照片來源：朝鮮通信＝時事

為了支援特種作戰，而輸入了雙翼螺旋槳引擎運輸機An－2，以及由中國仿製An－2而成的Y－5，後來配置了包含有輸入許可型在內總共約200架的運輸機，這些運輸機似乎現在也都還能夠使用。An－2的短場起降性能優秀，也能夠在沒有跑道的空地或高爾夫球場降落，北韓人民軍空軍可能是為了支援特種部隊空降入侵韓國而配置的。

人民軍空軍在1947年成立，當時配置蘇聯提供的Yak－9戰鬥機等戰機，韓戰時期接受蘇聯提供MIG－15，並與韓國空軍及聯軍的戰機展開空戰。停戰後，MIG－21部隊的飛行員被派遣到埃及，駕駛埃及空軍的MIG－21參與贖罪日戰爭，與以色列空軍的戰鬥機展開空戰。越戰時，也派遣MIG－21部隊的飛行員加入北越空軍。

在Google Erath上公開停放於義州基地的轟－5（H－5）轟炸機。

1969年越戰期間，2架人民軍空軍的MIG－17戰鬥機，擊落在日本海執行任務的美國海軍EC－121情報偵蒐機。1999年在執行任務的2艘間諜船，遭到海上自衛隊護衛艦攻擊時（能登半島外海間諜船事件），曾出動2架MIG－21以牽制自衛隊戰機的攻擊。

2003年，2架MIG－29與2架MIG－23過度接近正在進行偵查的美國空軍RC－135S電子偵察機，當時還以包圍的方式企圖綁架這架偵察機，但最後RC－135S成功脫困。

國產多用途戰鬥機「經國」號就是國防的主力之一

中華民國空軍

Rupublic of China Air Force

空軍冷知識

雖然已經開始配置P－3C偵查機，但其實中華民國空軍在1966年到1967年間，曾經與CIA一起將塗成黑色的P－3A與P－3B祕密作為偵察機使用。

中華民國漢翔工業公司所生產的國產戰機F－CK－1D（前方）與F－CK－1C的隊列（註3），這種戰機讓中華民國空軍提昇地面攻擊能力。

照片來源：Erich shin

美國為了讓中華民國汰換老舊的F－5E／F戰鬥機，而推銷降級版的F－16A／79（後仍拒絕出售），因此中華民國決定與通用動力公司、蓋瑞公司等合作研發新型戰鬥機。後來就配置了126架研發完成的F－CK－1「經國」戰鬥機。1996年起，配置144架F－16A／B（Blk.20），還配置了126架幻象2000－5EI／D戰鬥機。但中華民國空軍想購買的F－16C／D因未獲得美國國會通過，而無法獲得。

1958年9月24日，中華民國空軍的F－86F所發射的響尾蛇飛彈，擊落了中國空軍的MIG－17戰鬥機，這成為現在各國都還在使用的響尾蛇飛彈的第一個戰果。另一方面，目前已經知道至少有5架U－2偵察機，在中國大陸上空遭地對空飛彈擊落。後來陸續配置了F－100、F－104（包含前航空自衛隊的F－104J）、F－5戰鬥機，空軍戰力漸漸的超越中國空軍在台海沿岸的戰力，但是近年來，戰機的質與量都已經被中國空軍超越。戰鬥直升機則是由陸軍運用。

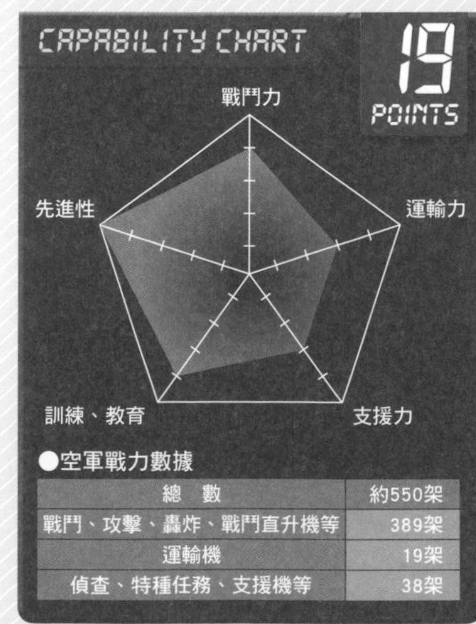

●空軍戰力數據

總　數	約550架
戰鬥、攻擊、轟炸、戰鬥直升機等	389架
運輸機	19架
偵查、特種任務、支援機等	38架

有豐富實戰經驗，而具備能夠對抗中國的空軍戰力

印度空軍

Indian Air Force

預定到2018年為止，要配置共272架的Su－30MKI戰鬥機。　照片來源：美國空軍

印度空軍的戰力在亞洲僅次於中國。配置Su－30MKI戰鬥機負責防空任務，另配置幻象2000與MIG－29作為多用途戰鬥機使用，地面攻擊則是使用Jagura與MIG－27攻擊機，戰鬥直升機則是配置Mi－24。因印度的地理位置，從熱帶地區到氧氣濃度較低的高地都是可戰鬥環境，這會大大的影響到航空戰術，因此就依照每個地區的不同，而實施不同的教育與戰術訓練。購買武器也是印度在國際政治上展示實力的手法，同時使用了俄羅斯、法國、英國的裝備，到了近年甚至還使用美國的裝備，這就是印度軍隊的特徵。

印度為了對抗因領土問題而對立的巴基斯坦與中國，而強化與美國、NATO及日本的關係，印度空軍會定期與美國進行空軍

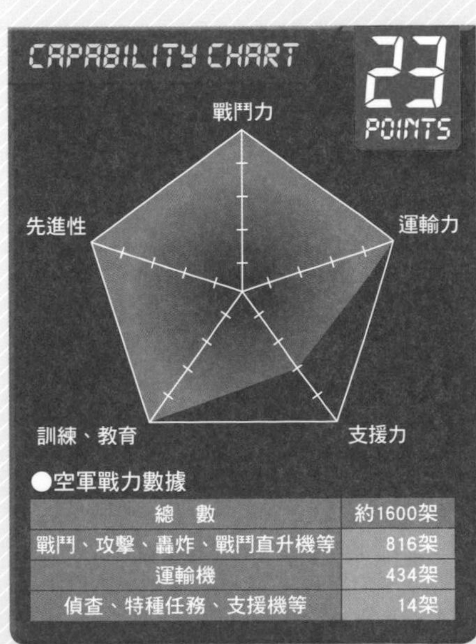

●空軍戰力數據

總　數	約1600架
戰鬥、攻擊、轟炸、戰鬥直升機等	816架
運輸機	434架
偵查、特種任務、支援機等	14架

空軍冷知識

自1980年代開始研發的國產戰鬥機Tejas，從設計開始過了將近30年終於研發成功，但當初設計性能已經變得跟不上時代。

空軍冷知識

1965年攻擊巴基斯坦的基地時，Canberra轟炸機並不是對跑道投下炸彈，而是撒下鋼鐵製的蒺藜，造成幻象戰鬥機爆胎。

配置的62架MIG－29，其中的一部分從2012年開始就已經在俄羅斯進行改造計畫。

照片來源：IAF

59架幻象2000中的49架，也改良為幻象2000－5Mk.2的樣式。 照片來源：IAF

因MIG－27的數量正在減少，因此117架Jagura M／S攻擊機被進行了延長使用壽命的改造。 照片來源：IAF

共同演習。

海軍，也擁有隸屬於航空母艦艦載機等之戰鬥機部隊。另外，從日本購買的US－2救難飛行艇，可能也是由海軍始使用。

雖然空軍的歷史悠久，是在1932年成立的，但是在進入噴射機時代後，實戰經驗就跟中東國家一樣豐富。自1960年到1966年於聯合國在剛果的活動中，派遣Canberra前去破壞反政府勢力的航空據點；1961年還對占有西部果亞地區的葡萄牙軍事據點進行轟炸。

印度空軍經歷的最大規模空戰，是1961年至1965年與巴基斯坦空軍的戰鬥。面對配置F－86F與超音速的F－104戰鬥機的巴基斯坦，只有Hawker Hunter戰鬥機與小型戰鬥機Folland Gnat的印度屈居劣勢，但是多架巴基斯坦空軍的F－86F，在空中被難以發現的Gant突襲並遭到機槍擊落。雖然在1961年的空戰中雙方公布的損失數字有落差，當時巴基斯坦公布空戰中損失7架F－86F與1架F－104，而印度在空戰中損失的則是17架戰機。在1965年的MIG－21對上F－104的戰鬥中，則由MIG－21以3比0獲勝。

由印度國內的企業HAL公司研發的Tejas，預定將來配置294架用來汰換MIG－21與MIG－27。 照片來源：IAF

使用美製與俄羅斯製的新型戰機

印尼空軍

Indonesian Air Force

空軍冷知識

印尼空軍是在二次世界大戰中，經歷與荷蘭殖民的獨立抗戰時於1946年成立，並以留在印尼的日本人作為教官，採用零式戰鬥機、隼、雷電等戰機為主力。

印尼空軍所使用的F－16A，採用F－16中很罕見的水藍色系迷彩。這種迷彩與紅色的2位數機體編號，都是俄羅斯戰機的設計風格。 照片來源：田口恭久

印尼空軍，是目前少數幾個同時使用美國製與俄羅斯製第4代、第4.5代戰機的國家。攻擊的主力是10架Su－27／30戰鬥機、10架F－16A／B戰鬥機與24架Hawk209攻擊機，另外還訂購6架Su－30與24架F－16C／D。運輸機配置的是與西班牙共同研發，並在印尼國內生產的CASA－235運輸機。印尼與國內武裝組織——自由巴布亞運動對立，自1966年起就對這個組織的據點實施轟炸；2000年起，持續實施以直升機對據點突襲，進行空中對地面攻擊的作戰。

以前與澳大利亞，因西巴布亞及東帝汶合併等問題而關係不佳，當印尼空軍的偵察機或戰鬥機飛到阿拉弗拉海等地時，澳大利亞空軍的戰鬥機就會緊急起飛。現在因澳大利亞也會協助打擊印尼國內的恐怖分子，兩國關係反而因此改善許多。

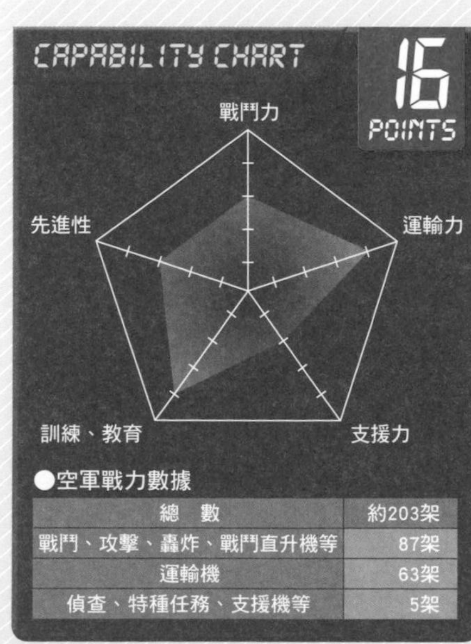

●空軍戰力數據

總　數	約203架
戰鬥、攻擊、轟炸、戰鬥直升機等	87架
運輸機	63架
偵查、特種任務、支援機等	5架

在中國支援下，正努力重現空軍戰力

柬埔寨空軍

Royal Cambodian Air Force

空軍冷知識

柬埔寨人民共和國時代，曾經配置21架MIG－21，但現在已經無法運作。照片中的MIG－21是1999年時，由IAI送回金邊的戰機。

柬埔寨空軍的MIG－21bis戰鬥機：包含照片中的戰機在內，所有的MIG－21可能都已經除役。 照片來源：T.Lauent

1954年，在法國的協助之下成立高棉空軍後，而配置Fouga Magister教練機與MIG－17戰鬥機；1970年起，在接受美國大規模援助之下，輸入了T－28B／D輕形攻擊機等戰機來擴充配置；但是在1975年爆發的柬埔寨・越南戰爭中，空軍戰力卻大幅的減弱；1976年的政權交替，讓高棉共和國轉變成民主柬埔寨，雖然在1977年配置了16架瀋陽殲－6戰鬥機，但因為無法有效運用，空軍戰力只過了幾年就幾乎全毀。後來成為柬埔寨人民共和國後，於1986年輸入22架MIG－21／UM戰鬥機，卻因為維修能力不足的問題，戰機陸續無法使用。1995年起，雖然在以色列IAI的支援之下，開始提昇性能，但這些戰機還是因為維修能力不足，目前可能都已經無法使用。另一方面，用來運輸陸軍部隊的8架Mi－8與Mi－17可裝備地面攻擊火箭，這可能就是唯一的空軍火力。運輸機方面，則是從中國輸入1架運－12與2架新舟－60。

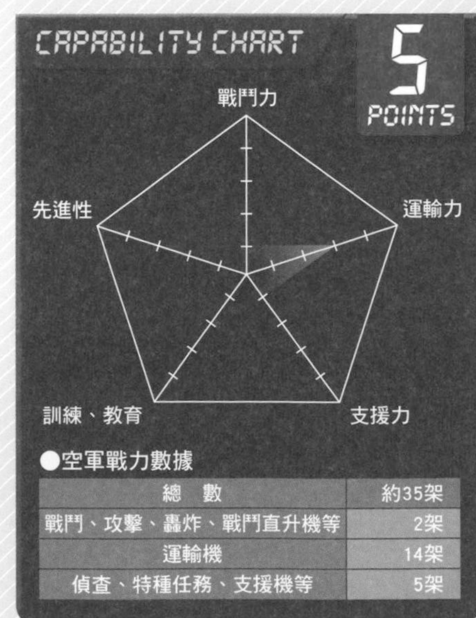

●空軍戰力數據

總　數	約35架
戰鬥、攻擊、轟炸、戰鬥直升機等	2架
運輸機	14架
偵查、特種任務、支援機等	5架

以大量最新式戰鬥機，防守狹小國土的空軍

新加坡空軍

Republic of Singapore Air Force

空軍冷知識

在新加坡國內的4個空軍基地中，規模最大的Tenga基地的滑行道也能夠當做臨時跑道使用，基地旁的一般道路在必要時，也能夠作為緊急跑道使用。

正於美國空軍路克空軍基地進行訓練的新加坡空軍F－16DBlk.52+戰鬥機。 照片來源：美國空軍

以國土面積相對於戰鬥機數量來計算，新加坡擁有的戰鬥機數量是全世界最多的。在僅有707平方公里的國土上，就擁有110架戰鬥機，而且在2012年的國防預算中，就佔當年國家預算整體的24.5%，是非常巨大的金額。新加坡在這狹小的國土上，需要強大軍力，是因為北方即是馬來西亞，而且還面對著國際上非常重要的麻六甲海峽，在軍事上來看，是處於非常容易遭到入侵的地勢。新加坡國內有3條一般道路，可做緊急跑道使用。新加坡空軍配置60架F－16C／D戰鬥機、24架F－15SG戰鬥轟炸機與26架F－5S戰鬥機，還配置各4架E－2C預警管制機與G550預警管制機，監視國土周邊並且管制空中的戰鬥機。為了因應空中待命與國外演習，還配置4架KC－135R空中加油機與5架KC－130B／H，另外還配置19架AH－64D戰鬥直升機與33架AS332／532運輸直升機等戰機。因國內的訓練空域過於狹窄，所以飛行員的培育訓練是在法國、美國與澳大利亞國內的7個地方進行。

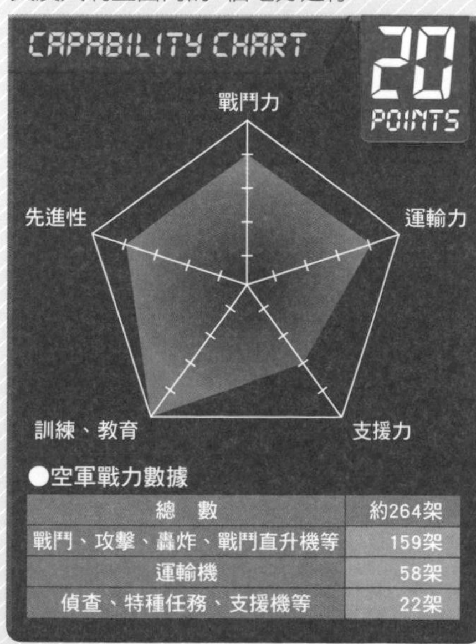

●空軍戰力數據

總　數	約264架
戰鬥、攻擊、轟炸、戰鬥直升機等	159架
運輸機	58架
偵查、特種任務、支援機等	22架

在內戰中獲勝，接受中國支援進行擴充

斯里蘭卡空軍

Sri Lanka Air Force

空軍冷知識

因印度與中國敵對，所以中國透過經濟支援來拉近與斯里蘭卡的關係。最近中國也開始對斯里蘭卡進行軍事支援，因此與斯里蘭卡在歷史、文化方面有深切關係的印度，今後雙方的情勢備受矚目。

斯里蘭卡空軍於2000年配置，但只保有1架的MIG－23UB，有可能是用來進行機種轉換訓練。 照片來源：田口恭久

斯里蘭卡從1983年起，與反政府勢力「塔米爾伊斯蘭解放之虎」（LTTE）展開了為期25年的戰鬥，斯里蘭卡空軍曾經攻擊LTTE的據點與武裝小艇。另一方面，班達拉奈克基地於2001年遭到襲擊，包含2架Kfir戰鬥機與1架MIG－27戰鬥機在內的11架空軍戰機遭到破壞。LTTE旗下有由小型飛機組成的航空部隊，2009年時，2架Zlin143小型教練機冒險以人力投放炸彈的方式，轟炸基地與發電廠。雖然空軍派出殲－7戰鬥機緊急起飛攔截，但卻讓敵機逃走。LTTE的轟炸行動，在2006年後進行了10次，其中曾經發生過空軍的防空網被突破，空軍戰機遭到破壞的狀況。雖然內戰在2009年由政府軍獲勝，但是確讓空軍的防空體制有問題的缺點暴露出來。目前空軍的主力是9架殲－7戰鬥機、6架MIG－27戰鬥機與9架Kfir戰鬥機，另外配置14架Mi－24與Mi－35戰鬥直升機。往後會在中國的支援下，擴充教練－8教練機與新舟－60運輸機。

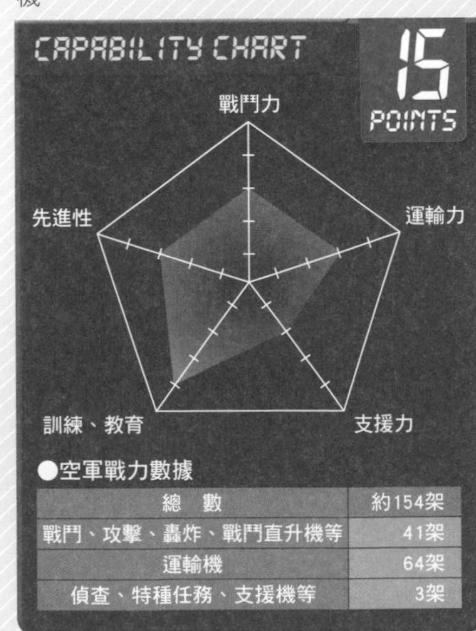

●空軍戰力數據

總　數	約154架
戰鬥、攻擊、轟炸、戰鬥直升機等	41架
運輸機	64架
偵查、特種任務、支援機等	3架

在熱帶運用北歐的戰鬥機

泰國空軍

Royal Thai Air Force

自2011年開始配置的SAAB JAS39 Gripen戰鬥機；目前配置8架C型與4架D型戰機，並且計畫還要在追加配置6架。
照片來源：柿谷哲也

泰國空軍的主力戰鬥機是54架F－16A／B（Blk.15），其中12架已經透過MLU改裝提昇性能，並配置12架主要負責用來輔助JAS39C／D戰鬥機。地面攻擊的主力是34架F－5E／F／T戰鬥機與19架Alphajet攻擊機，另有34架L－39輕形攻擊機。其中有一支F－5戰鬥機部隊，是以越南空軍為假想敵而設立的部隊。新型戰機是從2012年開始配置的2架SAAB340AEW預警管制機，主要用來加強防空體制。

空軍是在1913年成立。在1940年的法國．泰國戰爭中，雖然泰國空軍的2架P－36戰鬥機在空戰中遭到法國的MS406擊落，但是泰國軍在地面攻擊中，也成功破壞對方2架戰鬥機與1架轟炸機。第二次世界大戰時，泰國接受日本提供的諸多戰機，並且支援著日軍。韓戰與越戰時，也曾出動C－47運輸機進行支援。除了曾經對寮國的共產勢力進行攻擊外，還曾在柬埔寨國境攻擊越南軍。

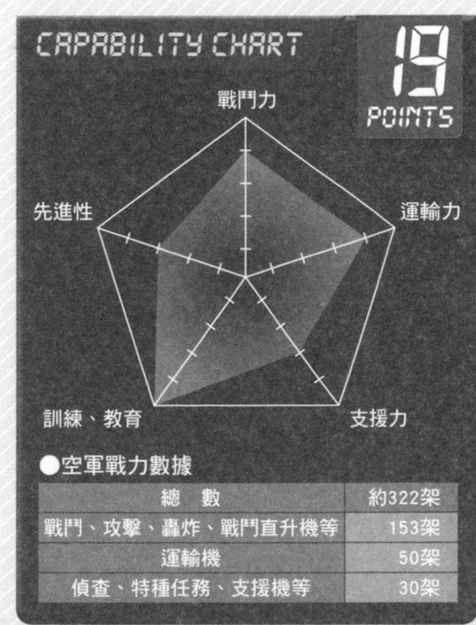

●空軍戰力數據

總　數	約322架
戰鬥、攻擊、轟炸、戰鬥直升機等	153架
運輸機	50架
偵查、特種任務、支援機等	30架

空軍冷知識

泰國空軍在二次大戰期間，曾經使用中島Ki－27戰鬥機、「隼」戰鬥機、九七式輕形轟炸機、九七式重型轟炸機等戰機，目前有一部分戰機於空軍博物館內展示。

在世界最高的高地執行作戰的航空部隊

尼泊爾軍航空隊

Nepalese Army Air Service

空軍冷知識

尼泊爾軍因為必須在全世界標高最高的地方進行作戰，因此直升機所使用的引擎，都調整成高地運作模式。

尼泊爾陸軍航空隊使用的SA－316B通用直升機：雖然是單引擎直升機，但高地性能優秀。 照片來源：matias

尼泊爾國內有規模約9萬人的尼泊爾軍（陸軍），軍隊之中有小規模的航空隊（Air Service），這是在2007年的組織改編時，名稱從Air Wing（航空團）降階而成的。在軍隊的組織中，目前還是第11旅。主力攻擊為從印度輸入的4架Lancer（HAL公司仿製的SA315B）通用直升機，與2架改裝成武裝型樣式的Mi－17運輸直升機。其他的戰機主要都是作為運輸力，定翼機有2架HS748運輸機，但已經過於老舊，因此預定要汰換成西安新舟－60，另外還配置2架用來支援空降作戰的波蘭製M28 Sky Tryck。運輸直升機則是配置Mi－8與AS332等，還輸入2架印度國產的Dhruv通用直升機。

從1996年爆發後，就持續10年的尼泊爾內戰中，航空隊除了對尼泊爾人民解放軍的武裝勢力據點進行地面攻擊外，還支援特種部隊（第10旅）進行滲透作戰與破壞任務時的運輸任務。

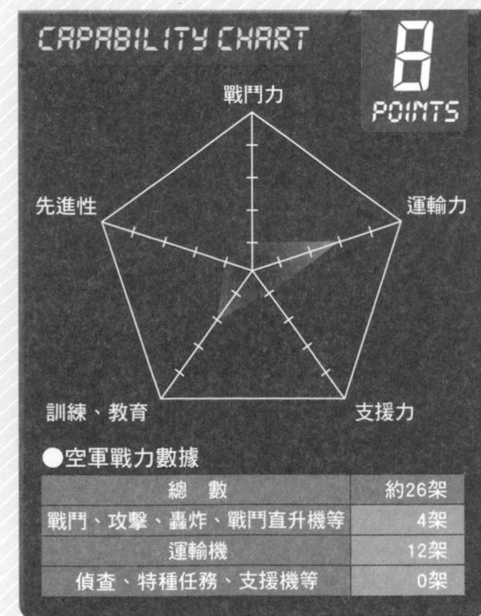

●空軍戰力數據

總數	約26架
戰鬥、攻擊、轟炸、戰鬥直升機等	4架
運輸機	12架
偵查、特種任務、支援機等	0架

透過積極參加聯合國任務進行國際貢獻

孟加拉空軍

Bangladesh Air Force

孟加拉空軍第5飛行隊的MIG－29UB戰鬥機，負責首都達卡的防空任務。 照片來源：Bernie Leighton

空軍冷知識

獨立戰爭時，駐紮在東部的巴基斯坦空軍，就直接成為孟加拉空軍。雖然空軍是在1971年成立的，但巴基斯坦空軍的孟加拉部隊，可以說是孟加拉空軍的起源。

孟加拉空軍，是在孟加拉脫離東巴基斯坦獨立的1971年成立。剛成立時，配置從巴基斯坦軍手上虜獲的F－86F戰鬥機，與俄羅斯援助的MIG－21戰鬥機，目前的主力則是32架瀋陽殲－7BG／BGI戰鬥機與8架MIG－29戰鬥機，MIG－29戰鬥機預定將來要進行升級改造。

地面攻擊的主力，主要配置10架南昌強－5C攻擊機，運輸部隊則是配置C－130B／E運輸機與Mi－17／171運輸直升機，這些運輸機在1988年的大洪水與1991年的颶風等天災中，都曾經派遣參與救災，多次支援運輸任務。

另外還派遣貝爾212前往東帝汶參加聯合國任務，也派遣過Mi－17前往剛果參與醫療運輸支援任務，到目前為止總共參加了13次聯合國的活動。

近年來，也會跟美國海軍陸戰隊戰鬥飛行隊舉行共同演習。

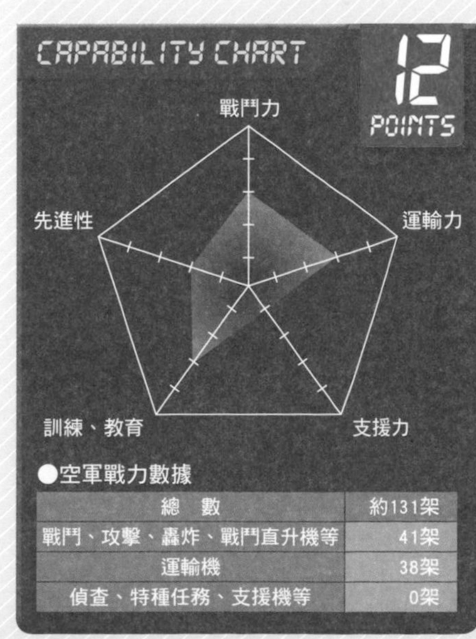

●空軍戰力數據

總　數	約131架
戰鬥、攻擊、轟炸、戰鬥直升機等	41架
運輸機	38架
偵查、特種任務、支援機等	0架

強化防空能力，就是穩定區域安全的關鍵

菲律賓空軍

Philippine Air Force

空軍冷知識

菲律賓空軍曾經以F－5戰鬥機的轟炸與直升機，支援電影《現代啟示錄》的拍攝工作。在拍攝電影《驚爆13天》時，則是將部隊保管的F－8戰鬥機，重新塗裝成美國海軍所屬戰機的樣式，提供給劇組拍攝。

SIAI S.211 Marchetti教練機：被改造成輕形攻擊機樣式，目前確定有3架可以運作。 照片來源：柿谷哲也

菲律賓空軍在美國的支援下，配置F－5戰鬥機與F－8 Crusader戰鬥機作為防空戰鬥機使用，藉此增強空軍戰力，並且用來牽制接近美軍艦隊的蘇聯轟炸機與偵察機。但冷戰結束後，因預算不足，再加上美軍撤退的關係，防空能力急速下降。目前雖然配置S.211輕形攻擊機，但只有3架左右能夠運作。以前曾使用過日本製的YS－11客機作為VIP專機。菲律賓國內，恐怖分子組織阿布薩亞夫曾對政府軍發動攻擊，當時空軍就運用10架OV－10 Bronco觀測機，進行地面攻擊的支援任務與偵查任務。據說，將來預定將目前已經下單訂購的AW109 Power通用直升機改裝成武裝樣式，用來接替這些任務。另外，於2014年開始配置從韓國購買的12架FA－50PH戰鬥攻擊機。除此之外，菲律賓也與美國簽訂全新的軍事協定，美軍將在睽違22年後重返菲律賓駐紮。因菲律賓是日本的鄰國，因此強化國防戰力是非常重要的事情。

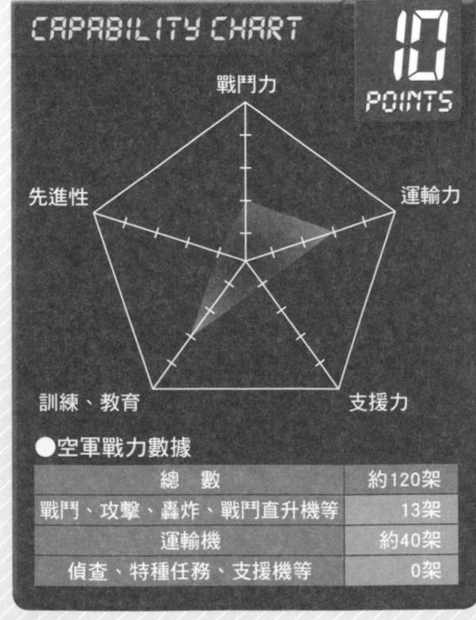

●空軍戰力數據

總數	約120架
戰鬥、攻擊、轟炸、戰鬥直升機等	13架
運輸機	約40架
偵查、特種任務、支援機等	0架

為支援特種作戰而配備Black Hawk直升機

汶萊空軍 Royal Brunei Air Force

1965年，以汶萊軍航空隊之名成立，陸續配置S－55運輸直升機、貝爾206、Mo105，後來配置定翼機SF260，並於1991年升格為空軍。目前配置CN－235運輸機與Pilatus PC－7MkII教練機。用來執行支援陸軍特種部隊等任務的S－70通用直升機是S－70A－33型號的，這是在美國陸軍的UH－60L直升機上，加裝紅外線照片機FLIR、氣象雷達、全周式擴音器等設備的機型，目前配置4架，將來還會再配置12架（確切的機型不明）。

汶萊空軍的S－70A通用直升機。　照片來源：柿谷哲也

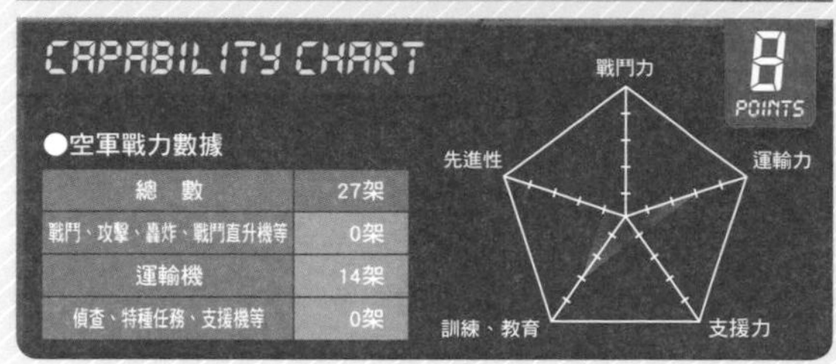

CAPABILITY CHART　8 POINTS

●空軍戰力數據

總　數	27架
戰鬥、攻擊、轟炸、戰鬥直升機等	0架
運輸機	14架
偵查、特種任務、支援機等	0架

空軍冷知識

除了使用S－70執行特種作戰任務外，還會使用貝爾212與貝爾214，駕駛訓練則是使用貝爾206。

支援國王警衛任務的專業運輸部隊

不丹軍國王警衛隊 Royal Bhutan Army (Royal Bodyguards)

和平的不丹王國，由約7000人（+徵兵）所組成的不丹軍（RBA），與鄰國的印度陸軍軍事顧問團肩負起國防的重責大任。不丹沒有空軍，防空任務由印度空軍的東部航空軍團負責。

不丹除了RBA之外，還有一個軍事組織，就是規模約2000人的不丹國王警衛隊。在組織內，這支警衛隊雖然是RBA的一部分，但指揮系統事實上是獨立的，他們的使命就是保護總統與總統的家人，以及實行反恐政策。警衛隊配置8架Mi－8運輸直升機，負責執行運載特種部隊、支援反恐作戰的任務。這些Mi－8據說是從印度陸軍購買的，有無機外裝備與塗裝等都沒有人知道。

據說這支部隊把帕羅機場內，不丹航空機庫旁的機庫作為維修場，但實際的司令部則是位在王宮裡，據說機體也藏在王宮裡。另外，也有一說指飛行員是由印度陸軍負責訓練的，但飛行員實際上也有可能是從印度派遣的。

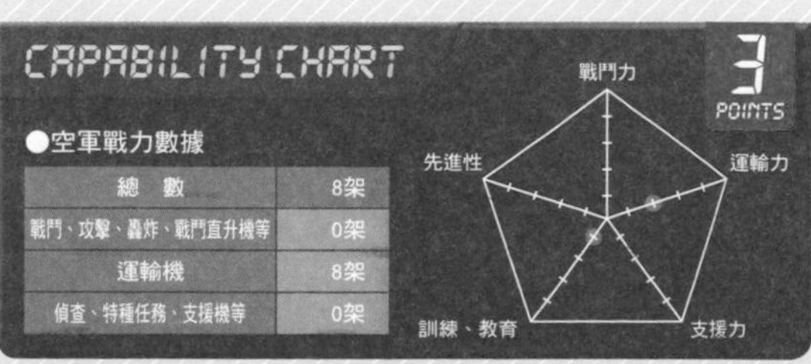

CAPABILITY CHART　3 POINTS

●空軍戰力數據

總　數	8架
戰鬥、攻擊、轟炸、戰鬥直升機等	0架
運輸機	8架
偵查、特種任務、支援機等	0架

空軍冷知識

雖然不丹的國土都是山地，但據說皇族大多以鐵路為主要交通工具，因此皇族搭乘直升機移動的可能性應該不高。

因經濟開始發展，讓空軍戰力也跟著近代化

越南人民空軍

Vietnam People's Air Force

空軍冷知識

越南的王牌飛行員阮文谷在越戰時期，駕駛MIG－21PF擊落3架F－105－D、2架F－4D、F－105F、F102A、F－4B、OV－10與無人飛機AQM－34各1架。

航空戰力主力的MIG－21：照片中的這一架MIG－21，是1968年被進口的112架PFN型之一。 照片來源：美國空軍

越南人民空軍在越戰期間，展現出以MIG－17與MIG－21在空戰中擊落286架美軍戰機的高成果，甚至有15位擊落超過5架戰機的王牌飛行員。因為給大國空軍造成嚴重的損失，因此受到全世界矚目。

在中越戰爭中，空軍除了防空部隊外，並沒有值得一提的戰鬥行動。因中國近年來，又開始積極的在南海實施軍事行動，越南因此加強與美國的軍事合作關係。至1990年左右為止，越南保有約700架MIG－21等戰鬥機，但後來因為機體老舊的關係，目前可能都無法運作。自1995年起，開始漸漸的配置Su－27戰鬥機，目前已經配置7架Su－27SK型與5架Su－27UBK型，接下來將開始陸續配置Su－30MK2，目前已經配置27架，今後預定將再配置20架。另一方面，也有新聞報導指出要將MIG－21延長使用壽命。

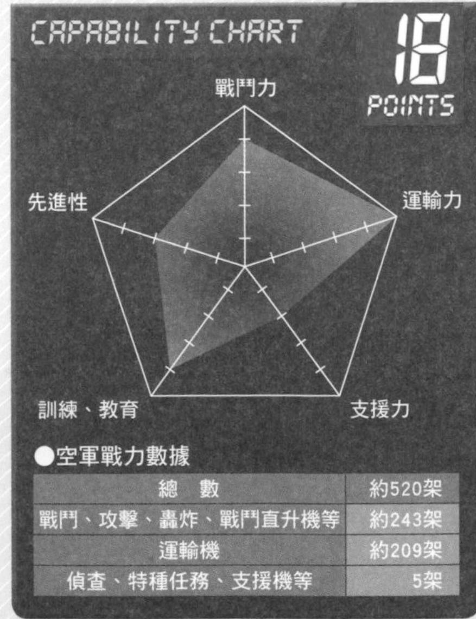

●空軍戰力數據

總　數	約520架
戰鬥、攻擊、轟炸、戰鬥直升機等	約243架
運輸機	約209架
偵查、特種任務、支援機等	5架

正在選擇MIG－29N戰鬥機的後繼機種

馬來西亞空軍

Royal Malaysian Air Force

馬來西亞空軍的Su－30MMK戰鬥機。 照片來源：柿谷哲也

馬來西亞空軍的主力戰鬥機是18架Su－30MKM戰鬥機、12架MIG－29N／NUB戰鬥機與8架提昇夜間戰鬥能力的F／A－18D，另外Hawk Mk.208攻擊機主要負責輔助F／A－18D。目前被選為MIG－29N的後繼候補機種有Typhoon、Rafale 與F／A－18E／F，MIG－29N將在後繼機種開始配置後除役。在新型戰機方面，目前已經訂購4架空中巴士A400M運輸機，並預定於2015年開始配置。

馬來西亞軍自1963年起，與國內的馬來亞共產黨爆發約20年的內戰，在這場戰爭中，空軍負責支援陸軍的作戰，但不知道當時空軍是否有使用戰鬥機實施攻擊。2013年2月，以菲律賓為據點，自稱為「蘇祿王國軍」的武裝組織，登陸婆羅洲東北方的拿篤。這個組織在各地與警察及軍隊交戰，並且佔領了兩個村落，因此空軍開始執行主權行動Operation Daulat，出動F／A18D戰鬥機與Hawk Mk.208攻擊機，對蘇祿王國軍實施地面攻擊。

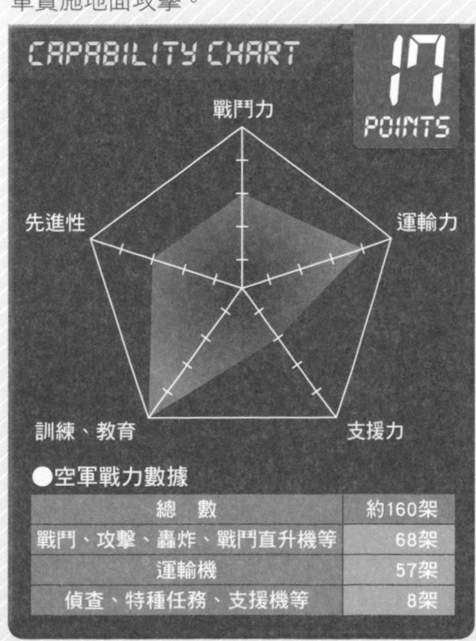

●空軍戰力數據

總　數	約160架
戰鬥、攻擊、轟炸、戰鬥直升機等	68架
運輸機	57架
偵查、特種任務、支援機等	8架

空軍冷知識

澳大利亞空軍駐紮於北海基地，以前有幻象三〇戰鬥機駐紮在這裡，目前則是AP－3C偵察機的分遣隊駐紮在這個基地。

長期以來活動狀況都不明的神祕空軍

緬甸空軍

Myanmar Air Force

隸屬於緬甸空軍香泰基地的MIG－29B戰鬥機：綜觀全世界，這種MIG－29算是比較落後的裝備。 照片來源：M Radzi Desa

緬甸空軍在亞洲是非常神祕的空軍，2001年起，開始配置8架MIG－29與2架MIG－29UB型，後來又陸續有配置，目前據說配置32架戰機。

另外，似乎還輸入30架瀋陽殲－7，其中24架還是現役狀態。攻擊主力是21架南昌強－5攻擊機。此外，緬甸是亞洲唯一使用SOKO公司生產的Super Galeb G－4戰鬥機的國家，據說配置了4架，但聽說當時似乎是輸入了20架。另外配置的12架教練－8教練機，可能也能夠執行輕形攻擊任務。據說另外又再配置了50架教練－8，可能是要用來汰換強－5或G－4。

Pilatus PC－7與PC－9雖然是用來訓練飛行員的教練機，但據說在針對武裝勢力的反恐作戰中，也被用來執行前方統御與監視的任務。

戰鬥直升機的配置為9架Mi－24／35。戰鬥的歷史不明，據說曾經對反政府勢力進行地面攻擊。

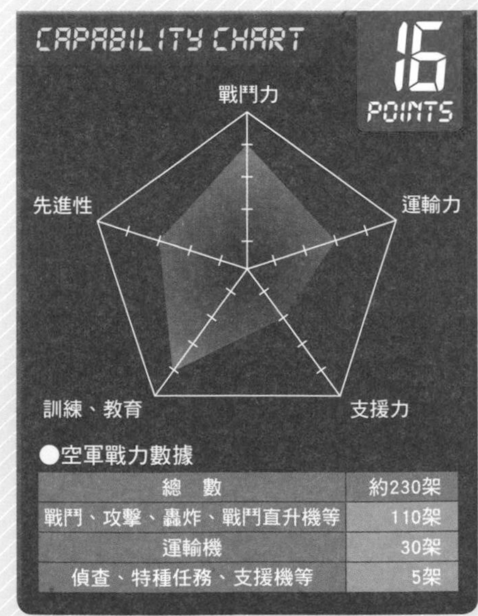

●空軍戰力數據

總　數	約230架
戰鬥、攻擊、轟炸、戰鬥直升機等	110架
運輸機	30架
偵查、特種任務、支援機等	5架

空軍冷知識

1961年，中國與中華民國在緬甸國境爆發戰鬥時，緬甸空軍的Sea Fury戰鬥機起飛攔截來到戰區的中華民國空軍PB4Y轟炸機，但據說最後雙方都墜毀在泰國。

如何重建失去的戰力而受到矚目

蒙古空軍

Mongolian Air Force

在烏蘭巴托機場被拍到的蒙古空軍Mi－8運輸直升機。 照片來源：Keith Gilchrist

空軍冷知識

目前政府軍的前身就是蒙古人民革命軍。當時的航空隊接受蘇聯提供I－15戰鬥機等戰機，並且曾經對大日本帝國陸軍與滿州國軍實施攻擊。

蒙古空軍據說配置3架An－26運輸機與7架Mi－8／171運輸直升機，還配置了2架Mi－24直升機。

1990年代起，因慢性缺乏燃料與備用零件，因此上述的戰機可能妥善率不高。

蒙古空軍在1966年起配置MIG－15與MIG－17，並且升格為空軍；1970年代就配置了MIG－19、MIG－21PFM戰鬥機，在中蘇戰爭期間，就成為了緩衝兩國戰爭的戰鬥力，但後來卻無法維護所有的戰鬥機。

2001年起，政府與民間企業聯手從各國收集備用零件，讓戰鬥機一度復活，但是在2007年到2011年間，可能都已全數除役。據說曾和俄羅斯交涉購買MIG－29的事情，但後來就沒有聽到任何動向。最近則是有消息指出，蒙古計畫要配置C－130J運輸機。

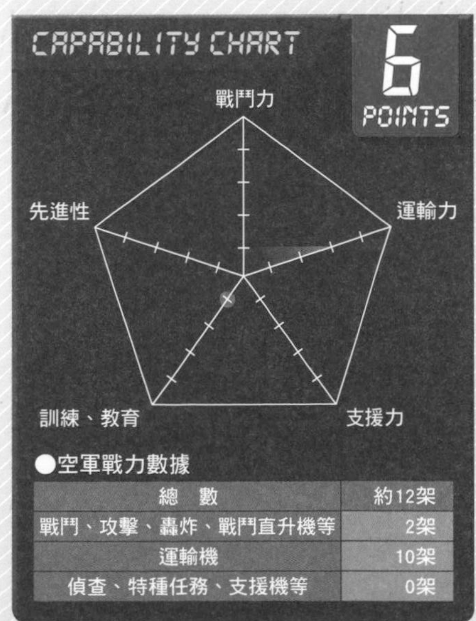

●空軍戰力數據

總　數	約12架
戰鬥、攻擊、轟炸、戰鬥直升機等	2架
運輸機	10架
偵查、特種任務、支援機等	0架

空軍冷知識

1960年代，美國對越南的鄰國——寮國，實施軍事援助，在當時是祕密。因此美國將改造成輕形攻擊機的T－28A，在沒有畫上國籍標誌的狀況下，經由橫田基地等地祕密移交給寮國。

保有1架全世界最大直升機Mi－26，可能已經除役

寮國人民軍空軍 Lao People's Liberation Army Air Force

寮國人民軍空軍配置1架An－26運輸機與2架新舟－60運輸機，以及直－9、UH－1H通用直升機各4架與2架Ka－32通用直升機。另外還配置1架全世界最大的Mi－26運輸直升機，但可能已經在最近除役。美國所提供的T－28A輕形攻擊機與蘇聯提供的15架MIG－21PFM戰鬥機、10架MIG－21MF戰鬥機與23架MIG－21bis／UM戰鬥機都已經除役。14架MIG－21bis／UM被保管在川壙，在Google Erath的圖片上也可以看到。

寮國人民軍空軍的直－9通用直升機：這似乎是機鼻加裝氣象雷達的機型。 照片來源：matias

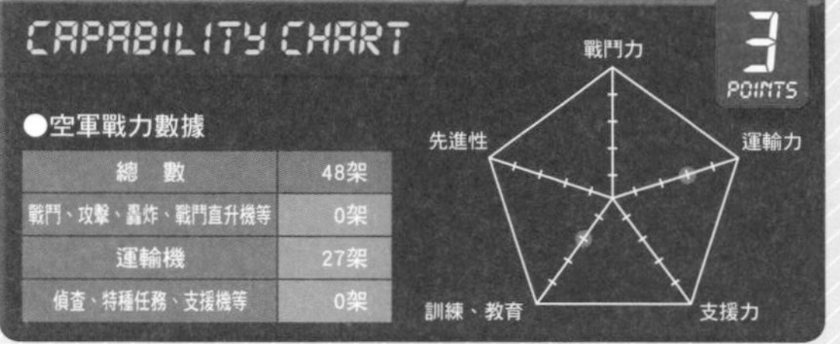

●空軍戰力數據

總數	48架
戰鬥、攻擊、轟炸、戰鬥直升機等	0架
運輸機	27架
偵查、特種任務、支援機等	0架

Air Force Column

脫離印尼獨立，將於2020年成立的空軍

東帝汶空軍
Esat Timor Air Force

2002年脫離印尼獨立的東帝汶，在聯合國托管時期，設立東帝汶國防軍為政府軍。因還沒有辦法完全維持治安，因此主要由接掌聯合國東帝汶過渡行政當局（UNTAET）之工作的聯合國東帝汶綜合特派團（UNMIT）負責。為了支援國防軍的警備任務，而使用聯合國部隊的直升機。為了在2020年創設空軍，目前正在培育要員，最初的配置機種會是觀測機或通用直升機。目前部隊執行運輸支援任務時，則是使用參加聯合國部隊的澳大利亞陸軍所使用的S－70多用途直升機。

以聯合國部隊的身分，駐紮在東帝汶的澳大利亞陸軍所使用的S－70多用途直升機。 照片來源：柿谷哲也

照片來源：美國空軍

Section2

全球164國空軍戰力完整絕密收錄

北美洲

世界最強大的空軍戰力

美國空軍

United States Air Force

全世界性能最優秀的戰鬥機F－22A。 照片來源：美國空軍

空軍冷知識

美國空軍的起源，是成立於1861年當時配置偵查熱氣球的北軍熱氣球司令部。1926年至1947年為陸軍所屬的航空隊，空軍則是在二次世界大戰後的1947年成立的。

美國空軍是全世界規模最大的空軍。光是戰鬥機、攻擊機與轟炸機，就配置將近2000架，而且維持、管理超過5000架的戰機，並以優秀的教育來訓練機組員。美國空軍還建立了能夠緊急前往世界各地的即時反應體制。

空軍所使用的航空器與裝備，都是由國內的企業研發，透過先進技術研發出來的武器與航空器，都具備世界最強的性能。

美軍扮演著與同盟國組成之組織的領導人角色。美國與EU（歐洲聯盟，歐盟）國家組成北大西洋公約組織（NATO），在必要時，美國空軍的運輸機、加油機、預警管制機等戰機就會支援NATO所屬的空軍戰機。美國也與加拿大組成北美防空聯合司令部（NORAD），與加拿大空軍一起應付從俄羅斯飛來的航空器，並且警戒監視從太空飛向北美洲的洲際飛彈。另外還追蹤各國的人造衛星，以提防對北美洲造成威脅。

美國空軍在本土以外的各國也有基地，並且配置部隊在這些基地。必要的時

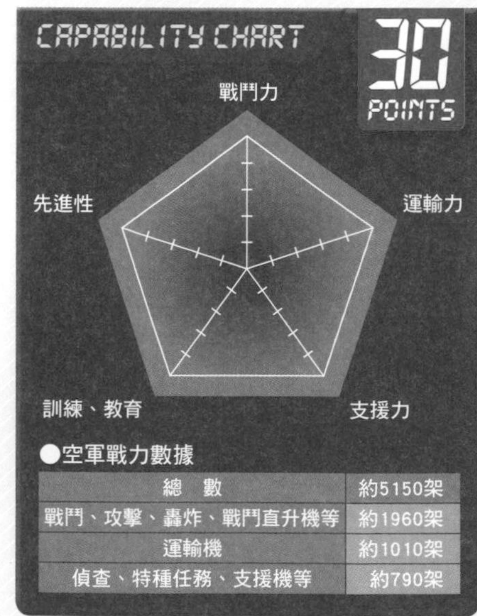

●空軍戰力數據

總　數	約5150架
戰鬥、攻擊、轟炸、戰鬥直升機等	約1960架
運輸機	約1010架
偵查、特種任務、支援機等	約790架

將來會是美國空軍主力戰鬥機的F－35A Lightning II戰鬥機。　照片來源：美國空軍

候，部隊就會以海外基地為據點出擊，並且還可以接受來自本土的部隊增援。

海外有美國空軍基地的國家有土耳其、義大利、吉爾吉斯、德國（3處）、英國（4處）、西班牙、葡萄牙、韓國（2處）與日本（3處）。

駐日美國空軍，分別在橫田基地配置第36運輸飛行隊（C－130H運輸機）、第459航空運輸隊（C－12J運輸機）；在三澤基地配置第13戰鬥飛行隊（F－16C／D戰鬥機）、第14戰鬥飛行隊（F－16C／D）；在嘉手納基地配置第44戰鬥飛行隊（F－15C／D戰鬥機）、第67戰鬥飛行隊（F－15C／D戰鬥機）、第33救難飛行隊（HH－60G救難直升機）、第909空中加油飛行隊（KC－135R空中加油機）、第961預警管制飛行隊（E－3B／C預警管制機）。

以地面攻擊為主要任務的F－15E Strike Eagle戰鬥機。
照片來源：美國空軍

負責地面攻擊與前線統御的OA／A－10C Thunderbolt II攻擊機。　照片來源：美國空軍

來自本土的空軍戰機也會前往駐日美國空軍基地，除了支援當地部隊的任務之外，所屬的部隊還會與美國海軍第7艦隊的戰機或航空自衛隊的戰機進行共同訓練，或者是遠征到亞洲其他國家進行訓練。

美軍在兩次世界大戰之後，經歷了韓戰、越戰、古巴危機、波灣戰爭、波士尼亞紛爭、科索沃紛爭、阿富汗反恐戰爭、伊拉克戰爭等實戰。

空軍冷知識

位於印度洋上的英屬迪亞哥加西亞島上，有美國海軍的航空基地，美國空軍會讓轟炸機部隊輪流配置在這裡，把這個基地作為轟炸阿富汗等地的據點。

空軍冷知識

在1980年，執行解救德黑蘭大使館人質的作戰時，美國空軍計畫在YMC－130H上，加裝火箭推進器，讓運輸機可以在沒有飛行助跑的足球場上，直接強行起飛、降落來執行特種作戰，但因戰機在實驗時爆炸而被迫中止計畫。

沒有尾翼的隱形戰機B－2A轟炸機。 照片來源：美國空軍

在空戰*方面，於韓戰中擊落792架中國戰機與270架北韓戰機，損失78架；在越戰中擊落195架戰機，損失271架；在波灣戰爭與後來執行伊拉克禁飛區監視任務時，擊落35架戰機；如果只針對蘇聯，在冷戰時期的1950年到1970年，於北海道附近與日本海上空，遭到蘇聯戰鬥機擊落RB－29偵察機等10架戰機，但美國空軍戰機沒有擊落任何蘇聯戰機；另外在南斯拉夫與科索沃，則是損失包含1架F－117隱形戰機在內的4架戰機。

從吉布他起飛，前去支援特種作戰的U－28特種作戰機。 照片來源：柿谷哲也

美國空軍也曾經發生過執行作戰失敗的狀況。在1980年，為了解救德黑蘭美國大使館人質而執行的「Eagle Crau」作戰時，C－130運輸機與C－141運輸機在伊朗國內的沙漠待命，但因為海軍的RH－53D發生問題，撤退時RH－53D與C－130撞機，導致作戰完全失敗而中止。自從發生這件事情之後，美國空軍就努力擴充能夠滿足特種部隊需求的特種任務機。

以支援特種部隊運輸為任務的CV－22B Osprey運輸機。 照片來源：美國空軍

全世界性能最好的隱形戰鬥機F－22，只有美國空軍配置，目前有178架。雖然日本將這一種戰機列為下一代主力戰鬥機的候補，但因美國國會不同意，因此美國政府無法輸出。相對的，能夠輸出給各國的就是F－35戰鬥機，雖然隱形性能據説比不上F－22，但目前世界上已經有在被使用的隱形戰鬥機，就只有這兩種。美國目前配置

＊包含美國海軍與海軍陸戰隊的戰機所擊落的數字在內，這些對外宣稱的擊落數字，都是美國主張的數字。

美國空軍配置用來監視北韓飛彈的RC－135S／V／W電子偵蒐機、監視大氣中輻射物質的WC－135W氣象觀測機與監視地面車輛的E－8偵察機，這些戰機配置於嘉手納等地。

正在接受KC－135R空中加油機補給燃料的B－1B Lancer轟炸機。 照片來源：美國空軍

配備於韓國的烏山基地，用來監視北韓的U－2偵察機。
照片來源：柿谷哲也

14架，將來會再增加。另外還配置469架F－15C／D／E戰鬥機與862架F－16C／D戰鬥機。還有美國空軍配置19架用來進行戰略及戰術轟炸的B－2B轟炸機，是無尾翼的隱形戰機，這種轟炸機與60架B－1B轟炸機及77架B－52轟炸機，就是美國核子戰略的中心戰力。

美國空軍值得一提的，就是特種作戰機數量非常充足。用來運輸特種部隊的CV－22B Osprey，是唯一能夠進行遠程祕密滲透與回收特種部隊的戰機。以空降的方式進行滲透時，就會使用MC－130H／P／J，MC－130也能夠對CV－22B與HH－60G救難直升機進行空中加油。而AC－130H／U／W攻擊機，就是能夠從上空砲擊特種部隊所要前去進行任務的場所的砲艇機。當空軍執行攻擊或轟炸任務時，有可能會中途中止，因此支援特種部隊作戰的任務，主要是透過其他部隊來進行，因此支援的一方不能有任何的失誤，因而必須要有完美的裝備。

用來收集與洲際飛彈有關之電波情報的RC－135S Cobra Ball電子偵蒐機。 照片來源：柿谷哲也

監視來自北極圈的入侵

加拿大空軍

Royal Canadian Air Force

加拿大空軍的CF－188戰鬥機：特徵是駕駛座下方有能夠照明側面的照明燈，以及機體背面的偽裝座艙罩圖案。

照片來源：加拿大空軍

空軍冷知識

CF－18的機體左側裝有60萬燭光的照明燈，用來在夜間當戰機與對方航空器並排時，以照明燈照亮機體後，用目視進行機體識別。

原名為「加拿大國防軍航空司令部」的加拿大空軍組織，在2011年改名為Royal Canadian Air Force（加拿大空軍），配置90架CF－188A／B戰鬥機，此戰鬥機是由F／A－18AB戰鬥機改稱而來。

CF－188，被編入與美國共同組成的軍事同盟 — 北美航空司令部（NORAD）的防空與警戒監視系統中，安排了能夠針對俄羅斯等國的航空器，當他們從北極圈入侵北美洲時，緊急攔截的任務體制，也曾經參加過NATO任務等國際任務。在2011年的利比亞戰爭中，就曾將CF－188派遣到義大利的基地，同時派出CC－150（A310的空中加油機型）空中加油機與CC－177（C－17）運輸機進行支援；在更早之前還參加伊拉克戰爭與南斯拉夫・科索沃紛爭。此外，在阿富汗反恐戰爭中，CH－146（貝爾412）通用直升機與CH－147（CH－47F）運輸直升機都曾支援過加拿大特種部隊。而加拿大在下一代戰機中，計畫配置65架F－35A。

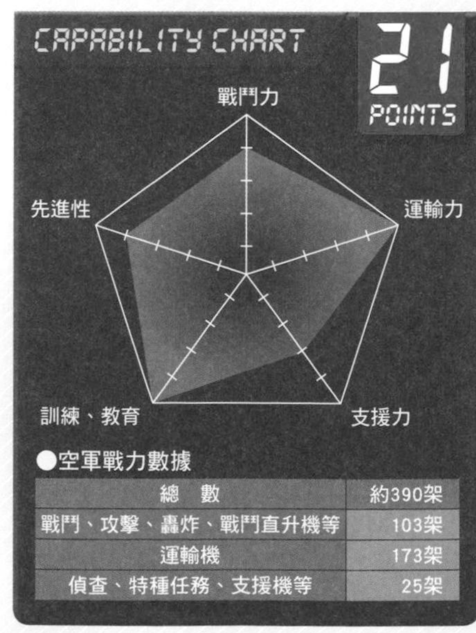

●空軍戰力數據

總　數	約390架
戰鬥、攻擊、轟炸、戰鬥直升機等	103架
運輸機	173架
偵查、特種任務、支援機等	25架

對抗反政府勢力與販毒組織的空軍

墨西哥空軍

Mexican Air Force

主翼下方加上掛點就能夠成為輕形攻擊機的PC－9M教練機。　照片來源：FAM

墨西哥空軍使用自1982年起配置的F－5E／F戰鬥機，另外為了對國內的非法組織進行監視，以及進行暫時的前線統御與地面支援任務，而把2架PC－9M教練機與約30架的PC－7教練機，讓空軍作為輕形攻擊機使用。

雖然另外還配置了35架教練機型的PC－7，但這些教練機也都能夠改造成輕形攻擊機樣式。在前線的上空統御任務中，這些攻擊機的就是由巴西的Embraer公司研發的R－99A預警管制機。Embraer P－99偵查機，也會用來執行監視販毒組織等非法組織之船隻的任務。

1994年，國內的武裝組織Ejército Zapatista de Liberación Nacional佔領各地的城鎮，於是空軍就出動可進行地面攻擊的PC－7，並再出動40架直升機，將陸軍部隊運輸到當地。UH－60L與MD530MG通用直升機則可以掛載武裝武器，對進行作戰的陸軍實施掩護支援射擊。而目前墨西哥的非法組織問題，還沒有完全解決。

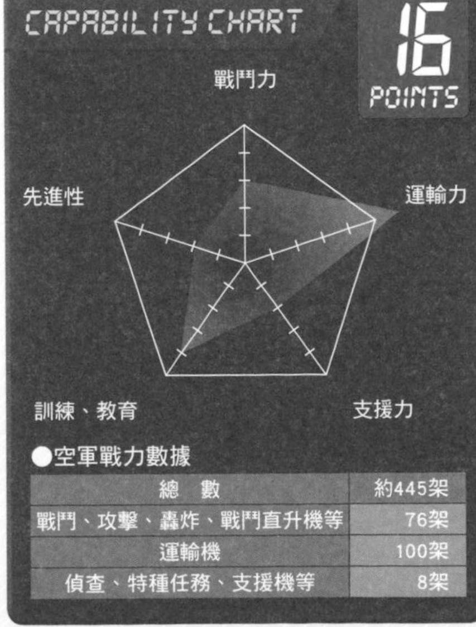

●空軍戰力數據

總　數	約445架
戰鬥、攻擊、轟炸、戰鬥直升機等	76架
運輸機	100架
偵查、特種任務、支援機等	8架

空軍冷知識

墨西哥空軍為了監視販毒組織與武裝勢力，而配置Elbit Hermes450無人飛機。這種無人飛機可連續在空中停留20小時進行監視。

政治體制與空軍戰力

會受到政治與資金運用影響的空軍戰力

雖然政治體制會給國家的軍隊造成重大的影響，但沒有任何因素能夠確定哪種政治體制，能夠讓一個國家擁有最完美、優秀的空軍戰力。也就是說，不論是總統制、君主立憲制、一黨獨大制或是軍事國家，只要能夠施行足以擁有優秀空軍的政治，就能夠讓國家擁有優秀的空軍。當然，歷史上也有無數個因為沒有把金錢投注在空軍戰力上，因而從世界上消失的國家。由此可以發現，空軍戰力會大大的受到政府的政治手腕與資金運用影響。

近代的非洲存在過許多軍事國家，這種國家因為能夠把國家預算優先投注在軍事上，因此可以讓軍事預算在國家預算中佔去很高的比例。包含以往許多的軍事國家在內，都沒有國家願意公開預算的用途，所以常常出現即便是不需要的裝備，只要想購買就能夠購買的狀況。但是這種國家的政府經常會因為國民的不信任，造成國內政情不穩定，最後爆發內戰，導致聯合國或外國軍隊介入等政變發生。目前世界上有2個軍事國家，一個是太平洋的島國斐濟，另一個就是非洲的埃及。

擁有非洲最強大空軍戰力的埃及之現狀

斐濟在2006年的軍事政變中，變成了軍事政權。1994年，斐濟軍（Republic of Fiji Military Forces）成立了身為航空部隊的Air Wing，並且配置2架直升機（AS365與AS355）（註4），但目前這2架直升機都已經除籍，Air Wing事實上也已經解散，因此本書並沒有介紹。

埃及是在非洲擁有最強大空軍戰力的國家，因2013年軍事政變成立的現今的政權，雖然有很多文官出身的官員，但軍方的影響力還是很強大，目前雖然實行共和制，但實際上卻是軍事政權。2012年的軍事預算約美金45億元，佔GDP的2%左右，這種比例跟日本差不多，因此比例並不算高。但是政變之前的經濟成長率明顯比較高，而且政變之後，觀光與投資都大幅度衰退，經濟構造已經崩潰到外匯存底減少一半的地步。這些事情絕對都會影響到軍事預算，因此應該會比較沒有辦法瞞著國民，進行預算不公開。埃及曾經與以色列進行過多次的空戰，是個了解空軍戰力重要性的國家，因此應該不希望空軍戰力下降。

一黨獨大制國家中 空軍被恣意操控

能夠祕密使用軍事預算的國家，並非只有軍事政權國家。在一黨獨大制國家中，也有不少國家的預算執行並不公開。但是對政黨來說，這是個非常好的政治體制，只要能夠對國民提供穩定的經濟活動，就不會爆發內亂。由人民行動黨執政的新加坡就可以說是最佳範本；相對的，由朝鮮勞動黨執政的北韓，據說地方經濟已經瓦解，在加上於國際社會中孤立，導致外匯不足，這樣人民軍要營運應該很困難。

狀況更糟糕的是由復興黨執政的敘利亞，對政府不滿的國民已經拿起武器，開始與政府軍交戰。如果陷入這種狀況，空軍戰力就會被拿來執行轟炸國內、攻擊同胞的悲慘任務。以前大日本帝國在二次大戰期間，政壇上也只有大政翼贊會，因此事實上曾經也是一黨獨大制國家。

目前因一黨獨大制發揮功效，而獲得強大空軍戰力的國家就是中國（中華人民共和國）。雖然共產黨對外宣稱國家預算與軍事預算是公開的，但因為法院是由共產黨掌控，所以對黨不利的事情不會被公開出來。這應該是個非常適合發展軍事的政治體制。可以透過祕密預算陸續配置武器，也能夠自由的使用調查及科學研究的預算來研發武器。

「武器」也是「科學」的一部分，因此以科學研究的名目進行武器研發，並不是自相矛盾的事情。只要人民不會對政府感到不滿，而且能過穩定的生活與經濟活動，說不定就能夠讓同時擁有「最強戰力」與「和平」的國家誕生。

中東君主 以帥不帥氣來選擇戰鬥機

不久之前，以「格達費上校」這個名字聞名國際的領導人——穆阿邁爾・格達費所領導的利比亞（大阿拉伯利比亞人民社會主義民眾國），是個政治體制在世界上非常罕見的軍事大國。因目前政府體系內沒有政黨，所以不算是一黨獨大制國家，而格達費雖然被敬稱為「上校」，但是在政變後就已經不是軍人，再加上利比亞是主權在民的國家，所以也不是軍事國家。而國內沒有國王，所以也稱不上是君主專制國家（實際上最接近的是這種政治體制）。人們會有「格達費上校＝軍事國家」的印象，應該是因為「上校」這個詞給人的印象，格達費把軍服當做時裝穿著，以及利比亞被美國指名為「邪惡樞紐」的關係。

許多存在於中東的君主專制國家，也會給空軍配置帶來很大的影響。這種國家因為尊重君主的意見大於尊重議會的意見，而且君主又是國民的領袖，因此君主幾乎可以自由施政。許多中東君主，都因為透過石油資源獲得龐大的財富，所以也能夠自由的使用這些金錢。君主與其家人都會收集世界上高級的奢侈品，非常喜歡「帥氣」、「美麗」、「稀少」的

在MIG－29戰鬥機前拍照留念的金正恩朝鮮勞動黨中央軍事委員會委員長。
照片來源：朝鮮通信＝時事

東西，因此在選擇戰鬥機這種「東西」時，就存在著只要君主喜歡，就會決定購買的傾向。據說歐洲的戰鬥機製造商在這一點上，就比蘇聯的飛機製造商有利。

雖然皇族因技術上的問題，而無法駕駛戰鬥機，但會在政府專用機上極盡奢華的裝飾，而政府專用機大多都是由空軍來維持與管理。據說日本國內的某家飛機裝潢公司，就曾經收到中東某王國下訂鍍金機內盥洗室與裝潢等訂單。還是君權時代的伊朗，就曾經去參觀過F－14與F－15這兩種戰鬥機，當時就是因為看上F－14而決定購買。外傳巴列維國王有自用飛機的駕駛執照，因此能夠自己駕駛戰機，但這是個誤會。

另外，君主立憲制的泰國有王子專用的F－5E戰鬥機，英國則是將王子從軍視為義務，名為約克公爵的安德魯王子與查爾斯皇太子的長子——威廉王子都是海軍直升機的飛行員。

照片來源：柿谷哲也

Section3

全球164國空軍戰力完整絕密收錄

歐洲

空軍冷知識

愛爾蘭在二次世界大戰前，就實行中立政策，目前沒有加盟NATO（但有參加和平夥伴關係計畫PfP），但是積極的參加PKO活動（聯合國維持和平行動，Peace-keeping Operations，簡稱 PKO或維和行動）。

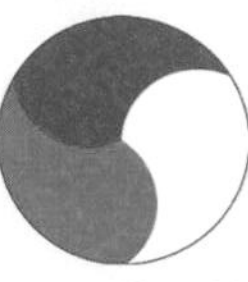

以少數戰機執行多種任務，重視通用性更甚於攻擊力的空軍

愛爾蘭航空隊 Ireland Air Corps

愛爾蘭國防軍的旗下有航空隊（Air Corps），配置9種戰機共27架。海上監視、醫療運輸等運輸機、通用機都能夠執行航空隊的任務，另外還會使用PC－9M輕形攻擊機來執行針對陸軍部隊的空中支援任務，PC－9M一共配置7架，都能夠裝備火箭彈夾艙與機槍夾艙，而運輸部隊則是使用AW139通用直升機與CN－235運輸機。航空隊的戰機也會支援其他政府部門或警察，例如PBN Defender運輸機支援司法部，Learjet45運輸機則是支援運輸部。

愛爾蘭航空隊的PC－9M輕形攻擊機。 照片來源：KGG1951

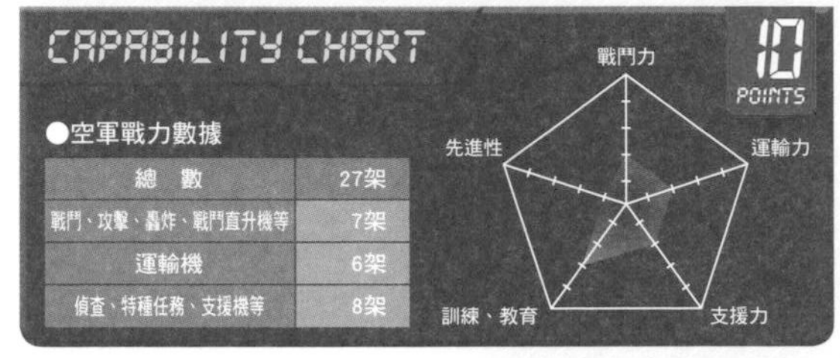

●空軍戰力數據

項目	數量
總　數	27架
戰鬥、攻擊、轟炸、戰鬥直升機等	7架
運輸機	6架
偵查、特種任務、支援機等	8架

空軍冷知識

1990年民主化後，因有一半的國民參加老鼠會而發生大規模暴動。美國海軍陸戰隊為了實行拯救僑民的作戰，因此派遣CH53運輸直升機前往。

捨棄戰鬥機，轉換成運輸直升機的空軍

阿爾巴尼亞空軍 Albanian Air Force

阿爾巴尼亞空軍配置成都殲－7A、殲－6、MIG－19PM等戰鬥機，但是到2005年為止，都已經除役。原因可能是因為政情不穩定以及經濟低迷，造成預算不足。阿爾巴尼亞在同一時期提出加盟NATO的申請，後來成功在2009年加入。阿爾巴尼亞的防空仰賴義大利空軍的Typhoon戰鬥機。目前成為配置5架AS532AL運輸直升機、5架Bo105通用直升機、義大利陸軍曾使用的AB205、AB206 C－1通用直升機各7架主要支援陸軍部隊的直升機空軍。

阿爾巴尼亞空軍的AS532AL運輸直升機。 照片來源：Gerd72

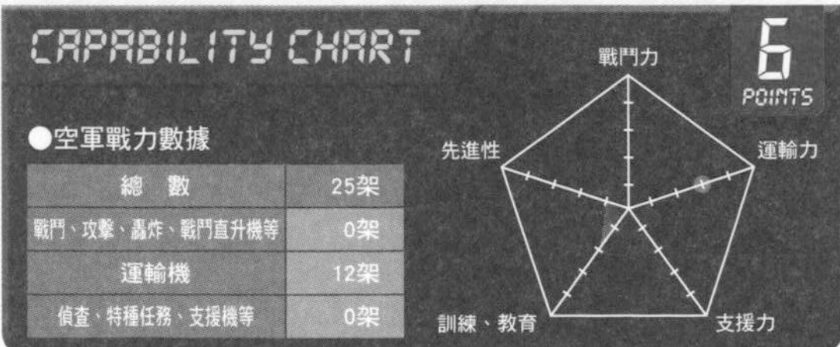

●空軍戰力數據

項目	數量
總　數	25架
戰鬥、攻擊、轟炸、戰鬥直升機等	0架
運輸機	12架
偵查、特種任務、支援機等	0架

西歐最強大的空軍

英國空軍

Royal Air Force

成為攻擊主力的Panavia Tornado GR4（前方）與成為防空主力的Typhoon T3戰鬥機。 照片來源：英國空軍

空軍冷知識

英國最有名的就是由國內研發的垂直起降戰機「鷂式戰鬥機（Harrier）」攻擊機，衍生的相關機型獲得美國海軍陸戰隊等各國採用，但英國本身所配備的Harrier已經在2011年全部除役。

英國空軍擁有歐洲規模最大的空軍戰力，除了扮演NATO中心成員的角色外，還透過配置核子武器，來防止歐洲遭到俄羅斯入侵的防禦角色。英國空軍不只會參加NATO的作戰，還會協助同盟國美國的作戰。

防空主力是117架Eurofighter Typhoon FGR4／T3戰鬥機。未來預定配置F－35B戰機，此外還配置6架Sentar AEW1預警管制機、Centennial R1及Shadow R1戰場監視機等支援戰機，這些也是英國空軍的特徵。在預計的新配置方面，Voyager KC2／3（空中巴士A330）空中加油機已經開始配置，在2018年要再配置有「空中搜尋者(Airseeker)」之稱的RC－135W Rivet Joint電子偵蒐機。

英國空軍，成立於1918年的第一次世

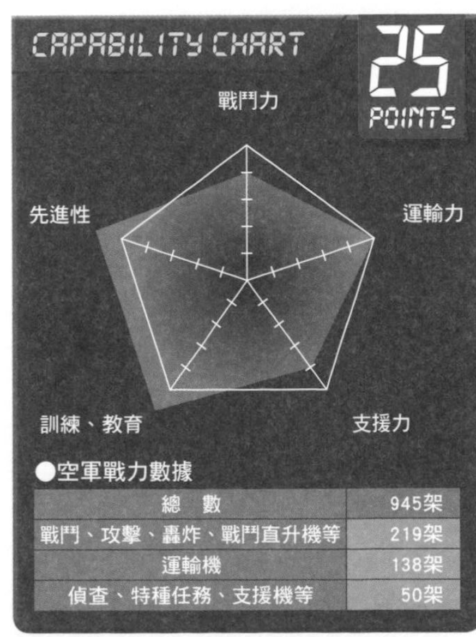

●空軍戰力數據

項目	數量
總　數	945架
戰鬥、攻擊、轟炸、戰鬥直升機等	219架
運輸機	138架
偵查、特種任務、支援機等	50架

空軍冷知識

因海軍航空母艦的艦載機「海鷂戰鬥攻擊機（Sea Harrier）」先行除役的關係，於是航空母艦就搭載空軍的「Harrier」。後來就在航空母艦除役的同時，Harrier也跟著除役。

相當於美國空軍的Sentar AEW1預警管制機。 照片來源：柿谷哲也

界大中。在第二次世界大戰時，從德國空軍手中保住多佛海峽的制空權，並派遣轟炸機軍團炸毀德國的工業區與都市。韓戰時派遣飛行員駕駛美國空軍的F－86F與澳洲空軍的Meteor參戰。在第二次中東戰爭（蘇伊士危機）中，使用Canberra轟炸機等戰機從賽普勒斯島與馬爾他島出擊。

在福克蘭戰爭中，英國將Harrier裝載在航空母艦與徵用的貨船上，派遣到戰場執行航空支援任務。另外空軍飛行員還駕駛英國海軍的Harrier，擊落5架阿根廷戰機。除此之外還運用Avro Vulcan轟炸機與Victor空中加油機，成功的執行單程飛行6000公里到福克蘭進行轟炸的「Black Back作戰」。在波灣戰爭中，更派遣超過100架戰機參戰，並且在實戰中，第一次使用導航炸彈。但是，在空對空作戰中，比較沒有戰果。

在科索沃紛爭、阿富汗反恐戰爭與伊拉克戰爭中，都派出Tornado GR4等戰機執行空中支援任務，在利比亞內戰時，則是派出Typhoon與 Tornado GR4參戰。

從吉布他的雷摩尼亞營區，起飛去進行反海盜偵查任務的Shadow R1戰場監視機。 照片來源：柿谷哲也

掛載2枚精密導航炸彈與1枚反戰車飛彈的MQ－9死神無人攻擊、監視機。 照片來源：英國空軍

在利比亞戰爭中，成為聯軍核心

義大利空軍

Italian Air Force

義大利空軍的Tornado IDS戰鬥機，將來預定汰換成F－35A戰鬥機。　照片來源：柿谷哲也

義大利空軍配置76架Eurofighter F－2000A／TF－2000A戰鬥機、51架Tornado IDS戰鬥轟炸機、19架壓制敵軍防空網（SEAD）用的Tornado ECR攻擊機，以及45架由義大利與巴西共同研發的AMX攻擊機。目前已經下單訂購60架F－35A戰鬥機與30架F－35B戰鬥機（包含海軍用的戰機）。義大利空軍參加南斯拉夫．科索沃等由NATO主導的戰鬥，最近則是在2013年時，以駐紮在阿富汗的AMX攻擊機對恐怖分子組織的據點實施地面攻擊。

2011年的利比亞戰爭中，因為義大利是作戰區域內距離最近的國家，再加上與利比亞有歷史淵源的關係，因此出擊的規模最大，而且11個參與作戰的國家與NATO的戰績，都是以義大利各地為出擊據點所進行的統計。義大利空軍也動員了使用F－2000、Tornado ECR／IDS戰鬥機、F－16AM戰鬥機等的7個戰鬥機部隊，各機種超過100架的戰機負責地中海的戰鬥空中警戒，以及對利比亞國內實施地面攻擊的任務。

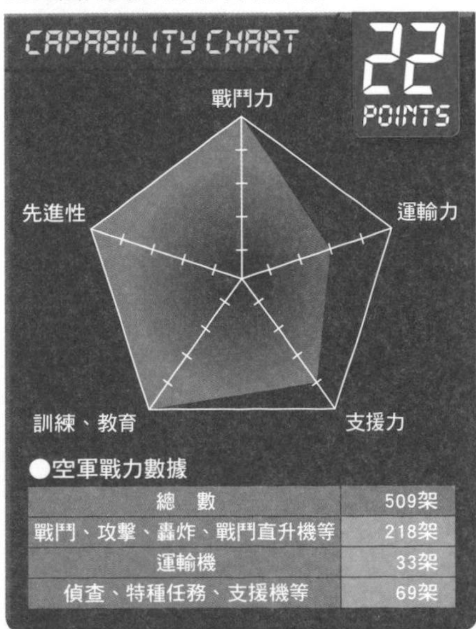

●空軍戰力數據

項目	數量
總　數	509架
戰鬥、攻擊、轟炸、戰鬥直升機等	218架
運輸機	33架
偵查、特種任務、支援機等	69架

空軍冷知識

在颱風式戰機Typhoon（EF-2000）的配置數量達到標準之前，就以從美國限期租借的方式，租借F－16AM作為中繼戰機，但利比亞戰爭就在租借期間爆發，因此F－16就必須參加實戰。

克里米亞問題造成戰鬥機數量大幅減少，因此能否加入NATO成為關鍵

烏克蘭空軍 Ukrainian Air Force

烏克蘭空軍的Su－27戰鬥機：據說配置36架。 照片來源：柿谷哲也

空軍冷知識

烏克蘭因為是否加入NATO的問題，而遭到俄羅斯介入。據說是因為俄羅斯擔心如果烏克蘭加入NATO，俄羅斯的武器情報就會外洩，俄羅斯將來如果要購買西方其他國家的戰鬥機，就會有比較不容易的疑慮。

烏克蘭因內戰與俄羅斯入侵的關係，目前正面臨國難。還因為在2014年3月爆發克里米亞半島問題，遭遇俄羅斯軍入侵，導至Belbek空軍基地遭到佔領，基地司令官也隨之投降。

該基地有配置45架MIG－29戰鬥機與4架L－39攻擊機的部隊，這些戰鬥機目前受到俄羅斯管理，今後有可能會遭到俄羅斯空軍奪取。在這場動亂中，Su－27戰鬥機與直升機等戰機皆遭到俄羅斯軍槍擊，有幾架直升機遭擊落，而且屬於俄羅斯的Su－25攻擊機也曾越境攻擊。

令人意外的是，包含蘇聯時代在內，烏克蘭空軍並沒有經歷近代空戰的經驗。在動亂發生前，所配置的36架Su－27戰鬥機、80架MIG－29戰鬥機、25架Su－24戰鬥機與36架Su－25攻擊機等全部原本都預定要進行提昇性能的改造。

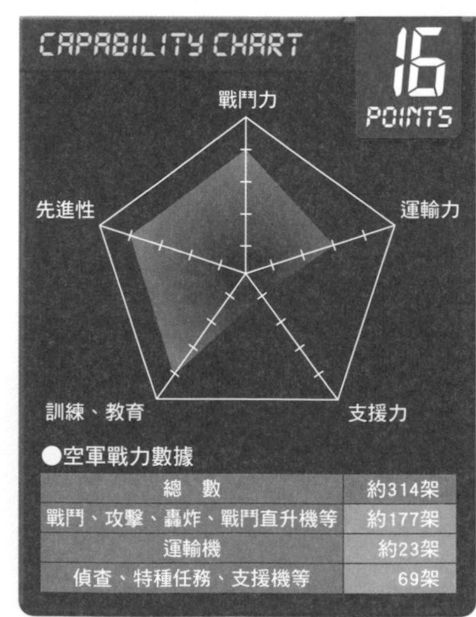

●空軍戰力數據

總　數	約314架
戰鬥、攻擊、轟炸、戰鬥直升機等	約177架
運輸機	約23架
偵查、特種任務、支援機等	69架

雖然沒有空軍戰力，但提供航空基地給NATO使用

愛沙尼亞空軍 Estonian Air Force

愛沙尼亞空軍成立於1918年，1940年曾遭蘇聯合併，在1991年獨立之後，再次建立空軍。當時配置An－2運輸機、PZL－104多用途輕形飛機、R－44輕形直升機等10架左右，但目前只配置4架R－44與2架L－39輕形攻擊機。2014年正式加盟NATO，但是在這之前的2012年，就開始建設讓NATO於波羅的海活動的亞馬利基地，NATO各國會輪流派遣戰鬥機到這個基地。另外，還正在計畫與芬蘭空軍一起設置Ground Master403防空雷達。

愛沙尼亞空軍的L－39C輕形攻擊機：照片中的機體使用的是原所有國的塗裝，不過標準的塗裝是灰色。 照片來源：Brian Pace Malta

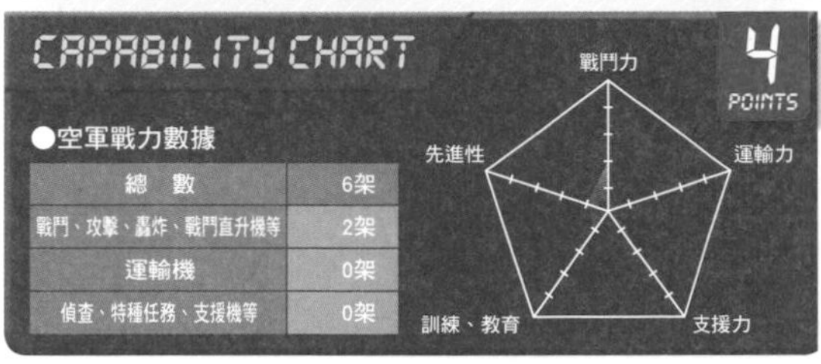

CAPABILITY CHART

4 POINTS

●空軍戰力數據

總　數	6架
戰鬥、攻擊、轟炸、戰鬥直升機等	2架
運輸機	0架
偵查、特種任務、支援機等	0架

空軍冷知識

愛沙尼亞也有國境警衛航空隊，配置3架AW139監視直升機與運輸警衛部隊用的2架L－410運輸機等共5架戰機。

永世中立、不參戰、未加盟NATO，貫徹此防空宗旨的空軍

奧地利空軍 Austrian Air Force

奧地利空軍為了汰換SAAB J－35D Draken戰鬥機，從2007年開始配置15架Typhoon戰鬥機並於2013年完成性能提昇改造，在此之前SAAB105輕形攻擊機也肩負防空任務。因採取永世中立政策，所以地面攻擊並不是空軍的主要任務。防空體制採用「Goldhude（金帽子）」系統，由固定式及移動式雷達探測接近領空的航空器，再派出2架Typhoon緊急攔截，並且以SAAB105負責應付低高度、低速的不明飛行物體。這個系統會跟都市周圍的高射砲部隊一起運作。在1991年時，SAAB105就曾強制讓從南斯拉夫逃走的MIG－21降落。

奧地利空軍的Eurofighter Typhoon戰鬥機：目前配置15架，主要負責防空任務。 照片來源：Budesheer／Markus Zinne

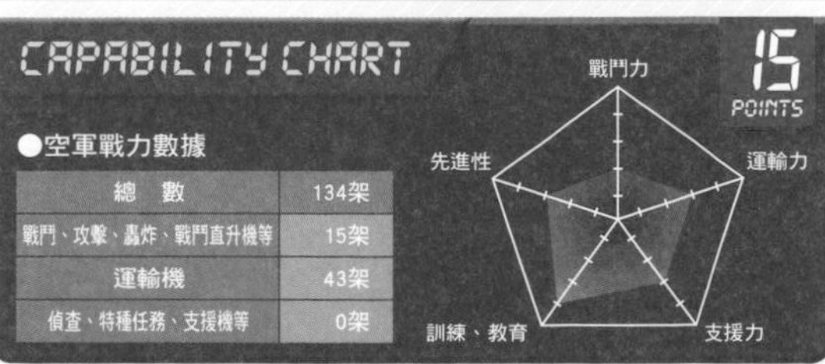

CAPABILITY CHART

15 POINTS

●空軍戰力數據

總　數	134架
戰鬥、攻擊、轟炸、戰鬥直升機等	15架
運輸機	43架
偵查、特種任務、支援機等	0架

空軍冷知識

1955年恢復主權後，訂立宣言永世中立、不參戰的憲法。雖然未加盟NATO，但有參加和平夥伴關係計畫之稱的PfP（Partnership for Peace）。

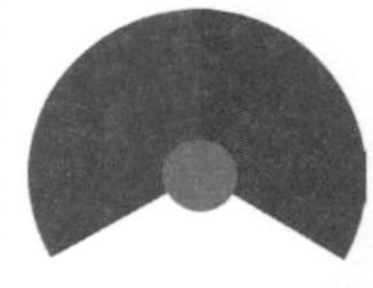

只靠F－16戰鬥機肩負防空任務與海外派遣任務的空軍

荷蘭空軍 Royal Netherlands Air Force

空軍冷知識

荷蘭空軍準備於2016年起，建立運用MQ－9死神無人飛機的飛行隊，目前已經購買4架。

荷蘭空軍的F－16AM（MLU）戰鬥機，後繼機種為F－35A戰鬥機。 照片來源：柿谷哲也

荷蘭空軍的戰鬥主力是74架F－16AM／BM戰鬥機與29架AH－64D戰鬥直升機。2013年9月決定要配置F－35A，目前已經移交2架作為實驗與評估用，將來預定要配置37架以上。二次世界大戰後，空軍第一次派遣到海外是在1958年時，為了防備印尼入侵新幾內亞，而派遣Hunter Mk.4戰鬥機前往該地，但據說沒有爆發戰鬥。

1999年的科索沃內戰，F－16曾經使用精密導航炸彈與集束炸彈實施地面攻擊。除此之外，F－16AM也曾以AMRAAM飛彈擊落南斯拉夫空軍的MIG－29。從1994年開始的5年之間，總過出擊1194次。在反恐戰爭方面，曾派遣18架F－16前往吉爾吉斯，越境攻擊阿富汗。甚至還派遣AH－64D戰鬥直升機，前往阿富汗參與戰後的ISAF任務。在利比亞戰爭中，也派遣過3個F－16AM飛行隊，實施空中偵查與地面攻擊任務。

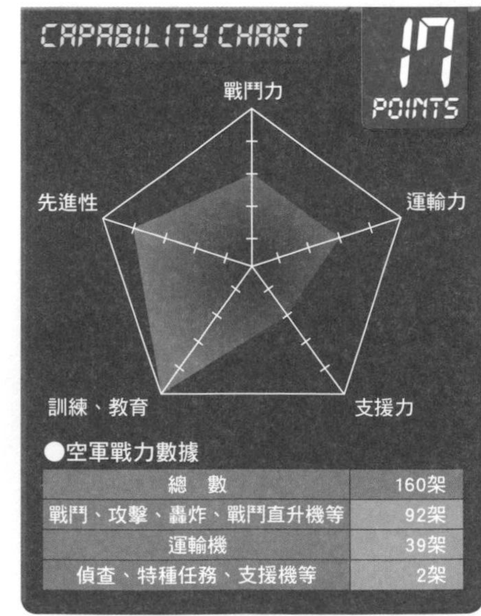

●空軍戰力數據

總　數	160架
戰鬥、攻擊、轟炸、戰鬥直升機等	92架
運輸機	39架
偵查、特種任務、支援機等	2架

受到希臘軍保護的正牌空軍

賽普勒斯航空司令部 Cyprus Air Command

冷知識 空軍

賽普勒斯島上有英國的海外領土──阿克羅帝利。這裡有英國空軍的基地，英國有時候會派遣戰鬥機來到這裡。

1963年成立的賽普勒斯共和國國家警衛隊旗下有航空司令部，配置11架Mi－35P、4架AS－342L1 Gazelle戰鬥直升機與AW139運輸直升機。定翼機型戰機，則是配置1架BN－2B運輸機。Mi－35P等戰機，是為了防備來自北部敵人的入侵，而自2002年起配置。雖然沒有戰鬥經驗，但土耳其空軍的F－16戰鬥機經常接近該國領空或侵犯領空，因而讓賽普勒斯共和國發布防空警報。賽普勒斯與希臘關係密切，防空由希臘的F－16與F－4負責。為了防止雙方的戰機互相攻擊，因此賽普勒斯戰機的國籍標誌與希臘相同。

賽普勒司空軍的Mi－35P戰鬥直升機，國籍標誌變更成低視度版本。
照片來源：Savvas Petoussis

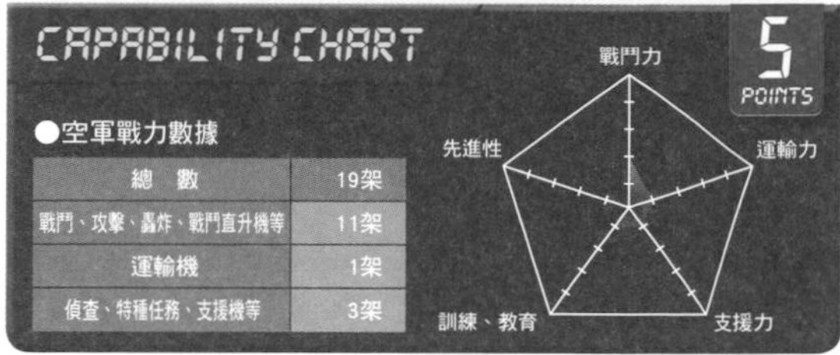

●空軍戰力數據

總　數	19架
戰鬥、攻擊、轟炸、戰鬥直升機等	11架
運輸機	1架
偵查、特種任務、支援機等	3架

Air Force Column

被土耳其軍保護的另一個賽普勒斯

北賽普勒斯警衛隊航空司令部

Security Forces Commander－in－chief,Aviation Unit

1960年脫離英國獨立的賽普勒斯共和國，因1974年時希臘系居民發動政變的關係，造成土耳其軍藉口保護土耳其系居民而入侵，並且佔領了賽普勒斯北部約37%的土地。賽普勒斯因此分裂為北部的土耳其軍統治區域（土耳其系）與南部的賽普勒斯共和國政府統治的區域（希臘系）。

1983年，北部地區發表獨立宣言，成立北賽普勒斯土耳其共和國。目前只有土耳其承認這個國家。北賽普勒斯警衛隊有航空司令部，配置2架AS532 Cougar運輸直升機，用來執行部隊運輸、偵查、搜索救難任務。

北賽普勒斯警衛隊航空司令部的AS532運輸直升機：機體上只標示部隊名稱，沒有任何標誌。
照片來源：北賽普勒斯警衛隊

F－4vs.F－4，F－16vs.F－16
與對立的土耳其使用相同配置的空軍

希臘空軍 Hellenic Air Force

希臘空軍的F－4E PI－2000AUP戰鬥機：目前有34架接受升級。 照片來源：希臘空軍

空軍冷知識

希臘作為教練機使用的T－2 Back Fire，原本是美國海軍訓練航空母艦飛行員的教練機。因為能夠加上武器掛點當做輕形攻擊機使用，因此獲得希臘採用。

希臘空軍配置156架F－16C／D戰鬥機、16架幻象2000EG戰鬥機、27架幻象2000－5／Mk－2／BG戰鬥機與18架A－7 Corsair II攻擊機。希臘是全世界最後一個使用A－7的國家。F－4E戰鬥機配置34架，進行過代號Peace Ikaros2000的改裝計劃，而成為PI－2000 AUP的新樣式。最新的F－16C／D Blk.52是目前F－16系列最新的機種，機體上方加裝大型背鰭、後方警戒雷達等裝備，性能比美國空軍最新的F－16CJ優秀，其中4架在利比亞戰爭中從國內的基地出擊，執行警戒、監視等的任務。

希臘因賽普勒斯問題與愛琴海領有權(指對土地絕對的和完全的所有權)的問題，而與土耳其對立。雙方都是加盟NATO的國家，而且都配置F－4E與F－16C，因此當土耳其的戰機接近時，就會發生同型戰機緊急起飛應對的狀況。在國際航空展中，主辦單位有時候會安排兩國的F－4停放在彼此的隔壁一起展示。

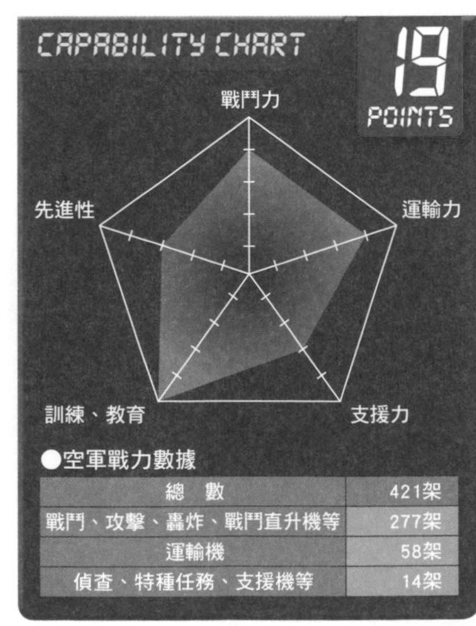

●空軍戰力數據

項目	數量
總 數	421架
戰鬥、攻擊、轟炸、戰鬥直升機等	277架
運輸機	58架
偵查、特種任務、支援機等	14架

烏克蘭情勢影響到克羅埃西亞的未來

克羅埃西亞空軍及防空軍

Croation Air Force and Air Defence

克羅埃西亞空軍的MIG－21bis戰鬥機：目前被留在烏克蘭的維修工廠。　照片來源：柿谷哲也

空軍冷知識

克羅埃西亞的主力直升機Mi－8的引擎，也是在烏克蘭的工廠進行維修，烏克蘭問題變成關係到克羅埃西亞空軍整體配置的問題。

克羅埃西亞於1991年宣布脫離南斯拉夫獨立，並且建立空軍。當時以在南斯拉夫的企業——UTVA公司所研發的UTVA－75教練機上，裝置緊急製作的90mm火箭彈，或是從Antonov An－2運輸機投下炸彈等方式來攻擊南斯拉夫陸軍。另外還配置從南斯拉夫空軍亡命而來的MIG－21戰鬥機。

目前12架的MIG－21bis／UM／UMD，就是克羅埃西亞空軍的所有戰力。這些戰機雖然在羅馬尼亞的Aeroster公司改造下成為屬於NATO的樣式，但為了繼續延長壽命，自2013年7月起，則陸續送到位於烏克蘭敖德薩的工廠。但因為俄羅斯於2014年入侵烏克蘭，這些MIG－21被俄羅斯警告而禁飛，因此變成留在烏克蘭境內的狀態。在把MIG－21送往烏克蘭之前，德國曾提出推銷F－4E、荷蘭則是推銷F－16、匈牙利推銷MIG－29、法國推銷F－1等諸多戰機採購方案，如果這個問題短期之內無法解決，克羅埃西亞空軍就可能要從這些提案中做出選擇。

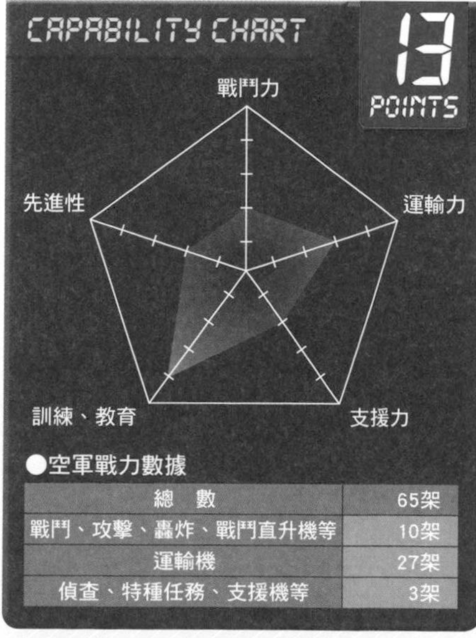

●空軍戰力數據

總　數	65架
戰鬥、攻擊、轟炸、戰鬥直升機等	10架
運輸機	27架
偵查、特種任務、支援機等	3架

以永世中立國立場，動員國民支援空軍

瑞士空軍

Swiss Air Force

空軍冷知識

位於阿爾卑斯山盆地的Pilatus公司所生產的PC－6與PC－21，因短場起降性能優秀，獲得美國CIA與美國空軍等世界各國的特種部隊採用為運輸機。

瑞士空軍的F／A－18C戰鬥攻擊機。 照片來源：柿谷哲也

瑞士空軍的主力是32架F／A－18C／D戰鬥攻擊機與55架F－5E／F戰鬥機。另外配置22架JAS39C／D Gripen E戰鬥機，作為接替F－5的新一代戰鬥機。自1907年起，就一直維持永世中立立場的瑞士，沒有加盟NATO，並且貫徹透過徵兵制的方式，動員國民來保衛國家。許多空軍基地，都是採取基地與住宅區混雜設置在一起的模式，也因此居民們早就已經有監視外人的習慣。瑞士更明確指出不管是哪個國家的戰機，只要入侵領空就擊落的立場，實際上在二次大戰期間，就曾經與入侵國境的德國戰機與美國戰機展開空戰。

以前曾經計畫研發國產戰鬥機，由FFA公司研發的P－16戰鬥機在1955年進行試飛，但只試製2架就結束計畫，並決定從英國購買Hunter戰鬥機。不過瑞士的Pilatus公司製造的PC－6運輸機與PC－7教練機，除了獲得瑞士空軍採用外，世界上也有不少國家的空軍採用，顯示出瑞士具有高度的航空工業能力

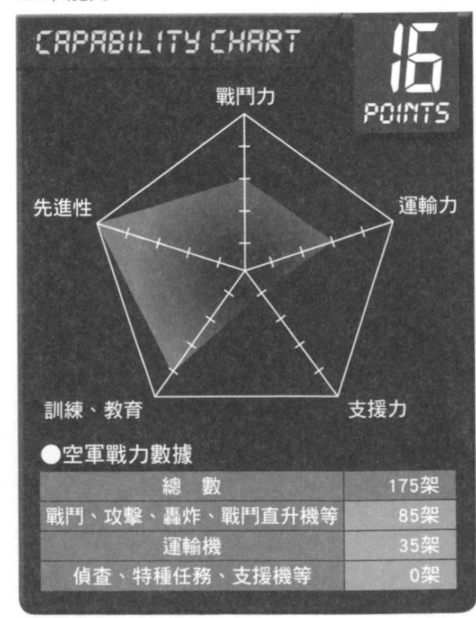

●空軍戰力數據

總　數	175架
戰鬥、攻擊、轟炸、戰鬥直升機等	85架
運輸機	35架
偵查、特種任務、支援機等	0架

以國產戰鬥機作為歷代主力配置的非同盟中立空軍

瑞典空軍

Swedish Air Force

瑞典空軍的JAS39C Gripen戰鬥機：短場起降性能優秀，只需滑行約400公尺就能夠起飛。 照片來源：柿谷哲也

維持中立非同盟立場的瑞典，連戰鬥機都是以國產的方式進行研發，並且配置這些戰鬥機。曾經配置SAAB公司研發的戰鬥機有J29 Tunnan、J32 Lansen、J35 Draken、J37 Viggen，目前使用的是JAS39C／D Gripen。雖然目前配置71架，但預定要汰換成60架換裝過引擎、電子儀器、雷達以及武器掛載量也增加13%的JAS39E／F。

瑞典雖然維持永世中立的立場，但還是會參加聯合國的活動。如：在1961年的剛果動亂中，為了參加聯合國的維和活動，而派遣9架SAAB J－29B戰鬥機與2架S－29C照片偵察機前往剛果。當時這些戰機被用來執行對空監視與地面攻擊任務，但是在1964年撤退時，為了節省成本，因此在當地把所有戰機破壞掉，參與的戰機都沒有回到國內。後來參與2011年的利比亞戰爭，當時派遣8架JAS39C／D前往義大利，但沒有參與地面攻擊任務，而是在地中海上空執行監視飛行任務。

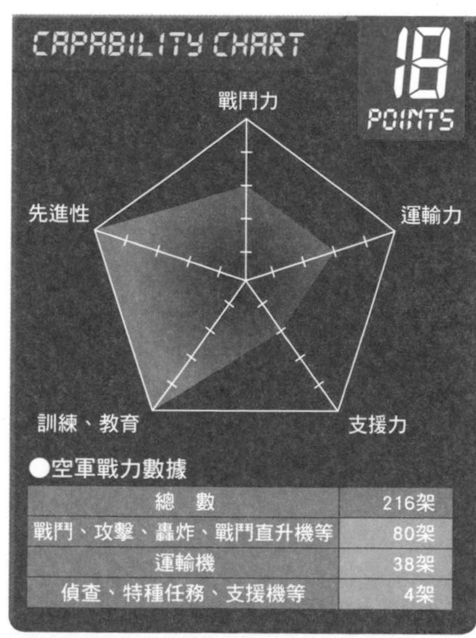

●空軍戰力數據

項目	數量
總 數	216架
戰鬥、攻擊、轟炸、戰鬥直升機等	80架
運輸機	38架
偵查、特種任務、支援機等	4架

空軍冷知識

Gripen（獅鷲戰鬥機）使用的是全世界機場都有的JET－A1燃料，但是在參加利比亞戰爭時，當時所駐紮的義大利海軍基地，只有海軍用的JP－5燃料，因此在燃料送達之前，都無法參與作戰。

以國內的航空產業為背景，提昇空軍戰力

西班牙空軍

Spanish Air Force

空軍冷知識

西班牙國內的飛機製造公司CASA公司，是1923年創立的老牌企業。目前成為歐洲複合企業體EADS－CASA公司，除製造Eurofighter（颱風戰鬥機，英語為Typhoon；另亦常被稱為EF－2000）外，還製造C－295等運輸機。

西班牙空軍的Eurofighter CE.16戰鬥機，西班牙企業也參與研發工作。 照片來源：西班牙空軍

成為西班牙空軍主力的Eurofighter，是由歐洲5個國家共同研發的戰鬥機。西班牙也參與相關研發工作，並且分攤13%的工作內容，此款戰鬥機西班牙的名稱為Eurofighter C.16（單座型）與CE.16（雙座型）。目前已配置45架，今後預定配置包含具備地面攻擊能力的性能提昇機型Tranche3A型20架在內的60架Eurofighter。

西班牙空軍在二次世界大戰後的1957年，經歷與摩洛哥之間爆發的Ifin實戰戰爭，當時西班牙政府投入國內的CASA公司，以Heinkel He111為基礎開發出來的CASA2.111轟炸機，轟炸摩洛哥陸軍部隊。在波士尼亞戰爭與科索沃戰爭中，則是派遣EF－18A前往義大利的阿維亞諾基地，執行空中支援與警戒監視飛行任務。另一方面，西班牙空軍配置的C－212運輸機與CN235運輸機，則是執行在戰火中，補給物資給前線部隊的任務。在利比亞戰爭中，則是派遣性能提昇後的EF－18A+前往義大利的戴西蒙諾基地，執行警戒監視飛行與地面攻擊任務。

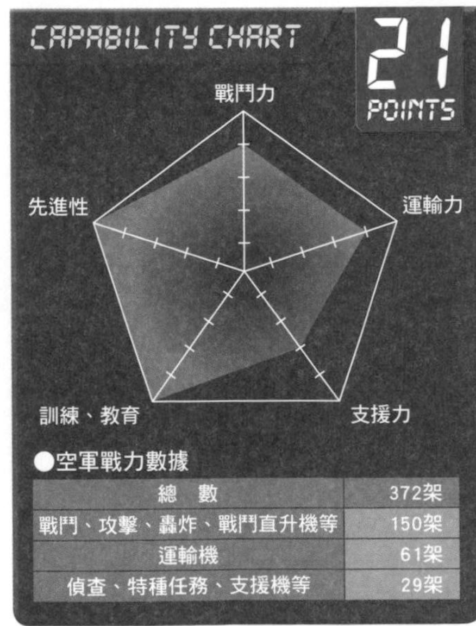

●空軍戰力數據

總　數	372架
戰鬥、攻擊、轟炸、戰鬥直升機等	150架
運輸機	61架
偵查、特種任務、支援機等	29架

MIG－29主力戰鬥機的存亡問題還未解決

斯洛伐克空軍

Slovak Air Force

斯洛伐克空軍的MIG－29AS戰鬥機：電子儀器搭載的是性能經過提昇NATO樣式。　照片來源：柿谷哲也

空軍冷知識

捷克與斯洛伐克分裂時，飛機公司Aero投靠了捷克，這對斯洛伐克來說是個重大的損失。因為Aero公司的關係，而使捷克變成航空器大國。

斯洛伐克空軍成立於與捷克分裂的1993年，當初以前捷克斯洛伐克空軍的一部分起步成立空軍，配置包含雙座型在內的24架MIG－29。部分的機體從捷克斯洛伐克時代的狀態就不佳，到2011年為止，似乎只剩下一半可使用。戰鬥直升機一直維持配置19架Mi－24，但是到2011年為止，都已經全數除役，剩下的攻擊力似乎就是9架L－39C／V／ZA輕形攻擊機。

目前國家的經濟狀態低迷，也沒有決定性的恢復要因。因MIG－29過於老舊的關係，2013年3月開始與俄羅斯的RCA MIG公司交涉包含引擎在內的維修案。但是交涉一直沒有進展，於是2014年1月就開始與瑞典政府及SAAB公司進行關於租借或購買JAS39的協議。可能是因為受到這個協議的影響，RCA MIG公司也終於開始進行相關的協議討論，在2014年4月時，斯洛伐克空軍與RAC MIG公司終於簽下MIG－29近代化改造的契約。

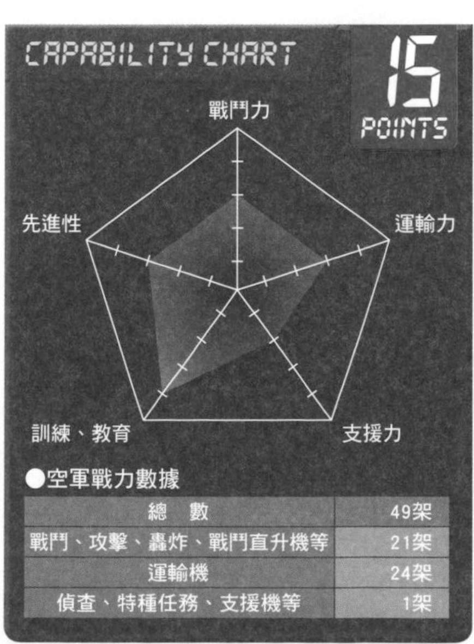

●空軍戰力數據

項目	數量
總　數	49架
戰鬥、攻擊、轟炸、戰鬥直升機等	21架
運輸機	24架
偵查、特種任務、支援機等	1架

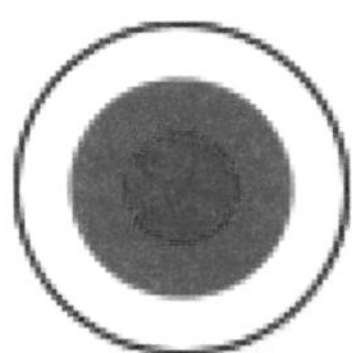

防空仰賴NATO，將任務集中於支援地面部隊的航空隊

斯洛維尼亞軍第15航空團

Slovenian Armed Forces 15th Wing

空軍冷知識

為了將來配置的戰鬥機，據說2015年要開始進行噴射機的駕駛訓練，目前正在研議噴射機轉換訓練與機種選擇的方法。

斯洛維尼亞軍第15航空團第152定翼機航空隊的PC－6B－2H4運輸機，在不平坦整地面的短場起降性能優越。
照片來源：斯洛維尼亞軍

斯洛維尼亞於1991年宣言脫離南斯拉夫獨立，其領土內的防衛隊，是結合了從南斯拉夫各個自治區前來避難或亡命的南斯拉夫軍或警察的航空器，在重新構築政府軍時，便將此航空器部隊編為第15航空團。

戰鬥的主力是11架PC－9輕形攻擊機。另外設置了以配置2架PC－6運輸機、4架AS532運輸直升機與8架貝爾412通用直升機的2個旅的體制，來執行戰術及運輸任務或支援特種部隊。

這個NATO成員國，積極派軍參與NATO的任務，除了曾經派遣部對參與穩定和平部隊（SFOR）的國際任務外，目前還持續派遣貝爾412參與科索沃治安維持部隊（KFOR）。本身的防空則是仰賴NATO，目前是由匈牙利空軍的JAS39戰鬥機負責。

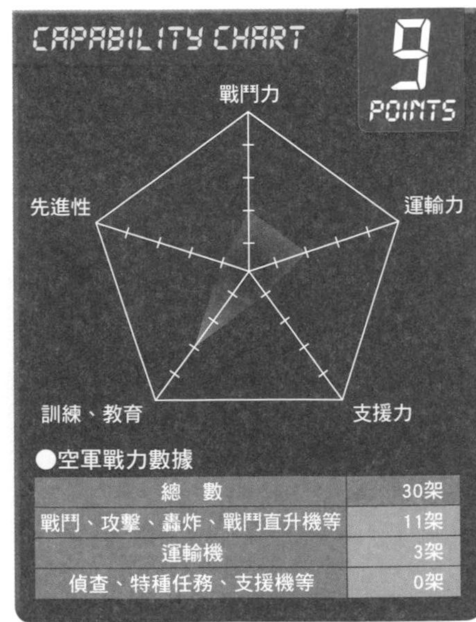

●空軍戰力數據

項目	數量
總　數	30架
戰鬥、攻擊、轟炸、戰鬥直升機等	11架
運輸機	3架
偵查、特種任務、支援機等	0架

繼承南斯拉夫空軍的巴爾幹正統派空軍

塞爾維亞空軍及防空軍

Serbian Air Force and Air Defence

SOKO J－22 Orao戰鬥機：隸屬於第98航空聯隊第241戰鬥轟炸中隊。 照片來源：塞爾維亞國防部

空軍冷知識

塞爾維亞國內有飛機製造商Utva公司，這家公司研發了裝備315匹馬力萊康明引擎的Lasta95教練機，塞爾維亞空軍採用9（+5）架作為初級教練機使用。

塞爾維亞空軍雖然配置4架MIG－29戰鬥機，但主力是30架SOKO公司的J－22 Orao戰鬥機與23架G－4攻擊機，這些都是前南斯拉夫空軍的戰機。SOKO公司製造的戰鬥機，雖然在科索沃紛爭中，並沒有機會與NATO戰鬥機展開空戰，但有很多戰機在轟炸中倖存下來。

此外，MIG－29卻曾在與NATO戰鬥機展開的空戰中被擊落6架。科索沃紛爭中，比較亮眼的戰果，就是以S－125防空飛彈擊落1架美國空軍的F－117A Night Hawk隱形戰鬥機，這就成為史上第一樁擊落隱形戰鬥機的例子。當時擊落敵機的部隊，就是現在塞爾維亞的第250防空飛彈連。

目前正在尋找汰換J－22的戰機，而各家廠商也都提出推銷案，但目前還沒有決定，暫時可能會先以配置8架MIG－29M／M2的方式來拉長替換的時間。

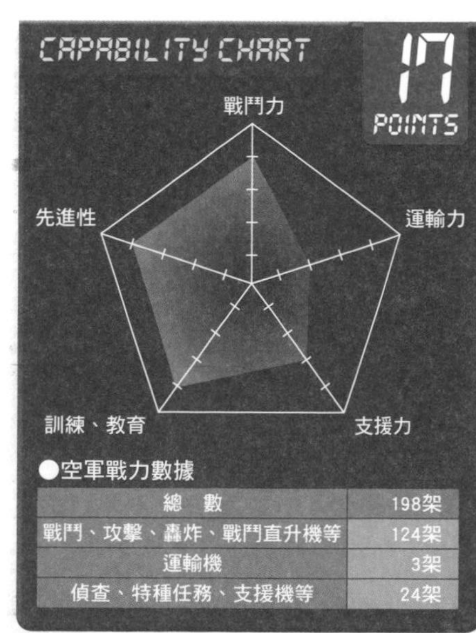

●空軍戰力數據

總　數	198架
戰鬥、攻擊、轟炸、戰鬥直升機等	124架
運輸機	3架
偵查、特種任務、支援機等	24架

Gripen的租借期限到期，即將選出後繼的新機種

捷克空軍

Czech Air Force

空軍冷知識

捷克空軍的缺點，在於支援陸軍部隊運輸這方面的不足。作戰時，空中運輸都仰賴直升機，捷克空軍因缺乏大型運輸機，因此決定配置2架K－390運輸機。

捷克空軍的JAS39D Gripen戰鬥機，雖然是租借的戰機，但正因為配置了這種戰機，因此讓捷克空軍成為先進的部隊。

照片來源：柿谷哲也

當捷克斯洛伐克分裂時，較新的MIG－29落入斯洛伐克手中，捷克則是留下MIG－21與MIG－23。在1994年時捷克決定讓MIG－23除役，並且將MIG－21汰換成JAS39 Gripen，因此簽下租借契約，自2005年起配置14架Gripen。攻擊的主力為23架國內企業——Aero公司所生產的傑作戰機L－159A／T輕形攻擊機與15架Mi－24／35攻擊直升機，捷克透過配置Gripen來維持高空與低空的良好戰力平衡。捷克空軍會決定盡早讓MIG戰鬥機除役，就是因為兩家前國營飛機製造商的存在，而這結果也決定了斯洛伐克空軍戰力的狀況。

因Gripen的租借契約在2015年到期，因此2014年當時要做出今後走向的判斷。捷克空軍有可能以更新租借契約，或是購買的方式繼續配置Gripen，也有可能從國外購買F－16等戰鬥機，當然也有可能從美國購買新型戰機。

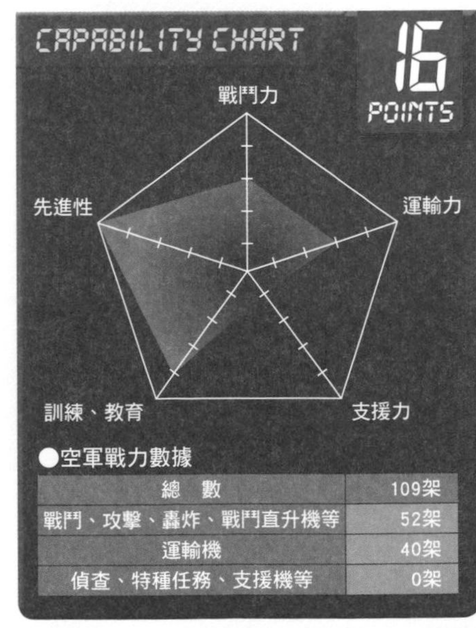

●空軍戰力數據

項目	數量
總　數	109架
戰鬥、攻擊、轟炸、戰鬥直升機等	52架
運輸機	40架
偵查、特種任務、支援機等	0架

負責支援陸軍部隊與駕駛海軍艦載機的空軍

丹麥空軍

Royal Danish Air Force

空軍冷知識

F－16A／B可能會由30架F－35A進行汰換。

丹麥空軍第726飛行隊的F－16AM戰鬥機，已經完成MLU（中階近代化）改造。　照片來源：柿谷哲也

丹麥空軍的戰鬥主力是46架F－16AM／BM戰鬥機，並以另外配置的C－130J運輸機與EH－101TTT運輸直升機等運輸能力，來支援地面部隊的運輸為主要任務。另外，搭載於海軍巡防艦上的Lynx Mk90偵查直升機，也是由空軍使用，目前已經決定配置MH－60R來進行汰換。

從1960年開始，丹麥在剛果內戰中，連續4年派遣S－55運輸直升機參與聯合國任務。1999年的科索沃紛爭，則是派遣9架F－16戰鬥機前往義大利。在阿富汗戰爭中，則是與荷蘭、挪威空軍的F－16，一起在荷蘭空軍KC－10的支援之下，同時派遣到吉爾吉斯的瑪納斯基地。2005年派遣3架AS550通用直升機前往伊拉克，支援選舉監視團，2007年則是派遣4架執行偵查任務。在利比亞戰爭中，則是派遣6架F－16前往義大利的希紐奈拉，於地中海上空執行警戒監視飛行任務。

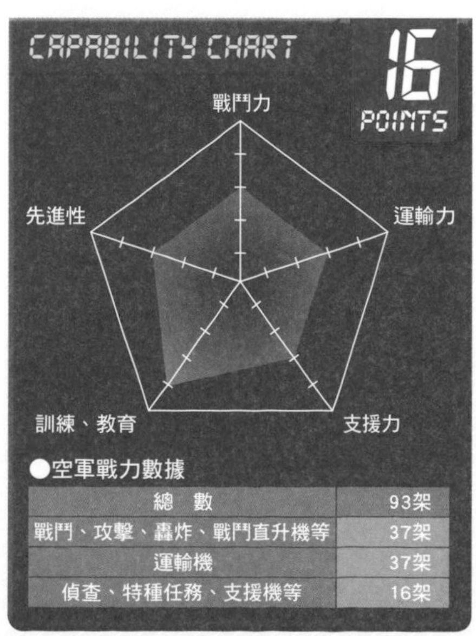

●空軍戰力數據

總　數	93架
戰鬥、攻擊、轟炸、戰鬥直升機等	37架
運輸機	37架
偵查、特種任務、支援機等	16架

脫離二次世界大戰後的政策，派遣戰鬥機與攻擊機前往海外

德國空軍 German Air Force

德國空軍的Eurofighter EF－2000S戰鬥機，這種戰機目前還沒有被派遣到海外的經驗。 照片來源：德國空軍

空軍冷知識

二次世界大戰後，德國最大的改變，應該就是合併東德空軍。雖然大多的戰機都被廢棄或出售，但MIG－29與Mi－8被改造成符合NATO規格，並且持續使用了一段時間。

德國空軍的主力，為112架Eurofighter EF－2000S／T戰鬥機與87架Tornado IDS戰鬥機，這兩種戰機德國都有參與研發工作。另外還配置29架電戰（電子作戰）用的Tornado ECR型，而Tornado目前已經開始進行性能升級改造。

二次世界大戰後，德國對戰鬥行動採取慎重的姿態，但是卻曾在波灣戰爭中以NATO成員國的身分，派遣18架Alphajet輕形攻擊機前往土耳其，以防備伊拉克軍攻擊土耳其的南部。另外1995年起，為了參加聯合國活動，而將Tornado戰鬥機與偵察機派遣到義大利，1999年起則參加科索沃治安維持部隊（KFOR）。2007年起，為了參加駐阿富汗國際維和部隊（ISAF）任務，而派遣部隊前往阿富汗的馬扎里沙里夫。此外，德國並沒有參加EU國家等17個國家，於2011年共同參與的利比亞戰爭。除了戰機，還有很多德國空軍的運輸機部隊被派遣到海外參加國際任務。

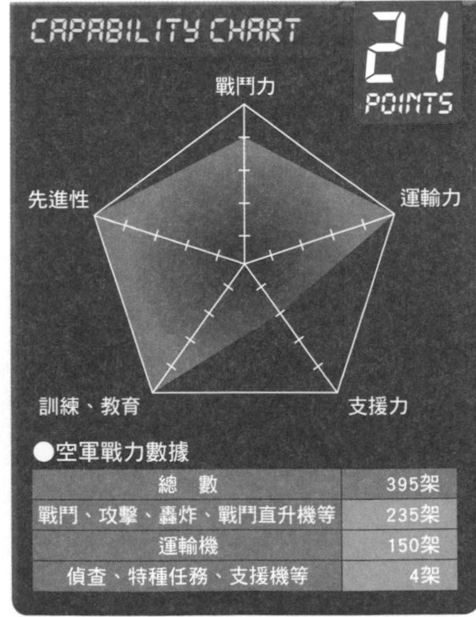

●空軍戰力數據

總　數	395架
戰鬥、攻擊、轟炸、戰鬥直升機等	235架
運輸機	150架
偵查、特種任務、支援機等	4架

配置海上任務偵察機與戰鬥經驗豐富的F－16

挪威空軍

Royal Norwegian Air Force

57架F－16A／B的後繼機種已經決定是F－35A，目前預定配置52架。

挪威空軍的F－16AM戰鬥機，已經完成MLU（中階近代化）改造。　照片來源：NATO

挪威的海上偵察機由空軍使用，一共配置4架P－3C UIP與2架P－3N。其中1架為了對付索馬利亞東岸的海盜，而被派遣到塞席爾。此外，搭載於海軍巡防艦上的3架（+11）NH－90 NFH也是由空軍使用，海岸防衛隊的Lynx Mk86偵查直升機也是由空軍進行運用。

戰鬥力是57架F－16A／B，這些戰鬥機都有實戰經驗。2002年的阿富汗反恐戰爭中，挪威空軍的F－16與荷蘭、丹麥的F－16，一起在荷蘭空軍KC－10空中加油機的支援下，派遣到吉爾吉斯的基地，並越境實施地面攻擊。2006年起則派遣到阿富汗國內。

在2011年的利比亞戰爭中，6架F－16被派遣到希臘的索達灣基地，並對利比亞國內的目標實施地面攻擊。當年4月26日轟炸利比亞司令部的行動，就是由挪威的F－16給予最後一擊。

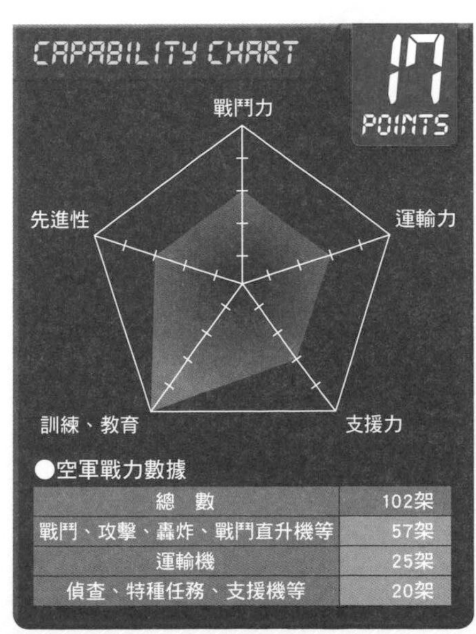

●空軍戰力數據

總　數	102架
戰鬥、攻擊、轟炸、戰鬥直升機等	57架
運輸機	25架
偵查、特種任務、支援機等	20架

捨棄MIG與Hind，選擇Gripen

匈牙利空軍

Hungarian Air Force

空軍冷知識

空軍的歷史一般被認為起源於1918年的奧匈帝國時代，但現在的空軍將成立的時間，定為匈牙利王國時代的1938年。

匈牙利空軍的JAS39C（EBS－HU）戰鬥機與An－26運輸機，JAS39是租借來的機種。 照片來源：柿谷哲也

匈牙利空軍在加盟NATO（1999年）後，就努力地進行裝備與人才培育的現代化，初級與中級訓練在加拿大進行，2008年起開始配置JAS39C／D Gripen戰鬥機，匈牙利樣式的Gripen C／D型稱為EBS－HU。另一方面匈牙利於2010年底將1993年購買的14架MIG－29全部除役並出售，當時為了購買此14架MIG－29，還放棄了美國空軍中古F－15A及比利時空軍中古F－16。

擔任空中支援主力的5架Mi－24／25／35戰鬥直升機，也在2012年除役，這個措施讓匈牙利空軍的戰鬥力只剩下JAS39。而當時配置9架的Mi－8S／17運輸直升機中的一部分，似乎能夠掛載武裝，之後在2014年4月就與俄羅斯簽約，購買8架掛載武裝樣式的Mi－8。匈牙利空軍配置3架C－17運輸機，但這是隸屬於NATO重型空運聯隊（SAC）的機體，雖然畫的是匈牙利的國籍標誌，但機組員均是NATO成員國的機組員，而非單純的匈牙利人員。

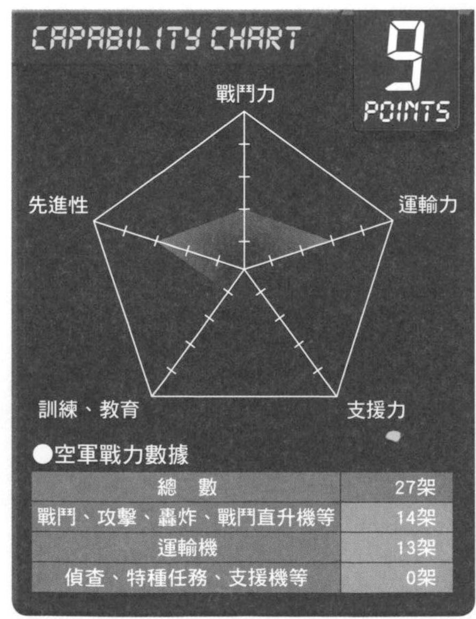

●空軍戰力數據

項目	數量
總　數	27架
戰鬥、攻擊、轟炸、戰鬥直升機等	14架
運輸機	13架
偵查、特種任務、支援機等	0架

貫徹非同盟軍事立場，以自己的力量保護祖國的空軍

芬蘭空軍

Finnish Air Force

芬蘭空軍的F－18C戰鬥機，正從森林裡的掩體滑行出來。　照片來源：柿谷哲也

空軍冷知識

芬蘭國內有老牌飛機製造公司——Valmet公司，除生產L－70 Vinka教練機供空軍使用外，還生產F－18與Hawak的零件，並且可以進行組裝與維修。

芬蘭空軍在第二次世界大戰前，為了對抗蘇聯而透過各國捐贈等方式，擁有31種共730架的戰機，並靠這些戰機經歷了冬季戰爭與繼續戰爭（編註：針對這場戰爭，芬蘭認為是冬季戰爭的延續，但蘇聯則認為是蘇聯與納粹德國之間的戰鬥，並視芬蘭為德國的幫凶）。這時把戰鬥機藏在森林裡的戰術，就被近代芬蘭空軍繼承下來，戰鬥機就停在被森林包圍的基地的掩體裡，到2000年止芬蘭一直使用短場起降性能優秀的SAAB J－35 Draken。

這時候芬蘭空軍也使用MIG－21bis戰鬥機，並從1995年開始配置F－18C／D（F／A－18C／D），直到MIG戰鬥機於1998年除役的這3年間，芬蘭是史上唯一同時使用西方國家、共產國家、中立國家這3個陣營生產之戰鬥機的空軍。目前除配置61架F－18C／D，還配置41架能夠改裝成攻擊機的Hawk Mk51／51A／66教練機。

芬蘭雖然參加NATO的PfP（和平夥伴關係計畫），但並不是成員國，目前也沒有申請加盟的跡象。

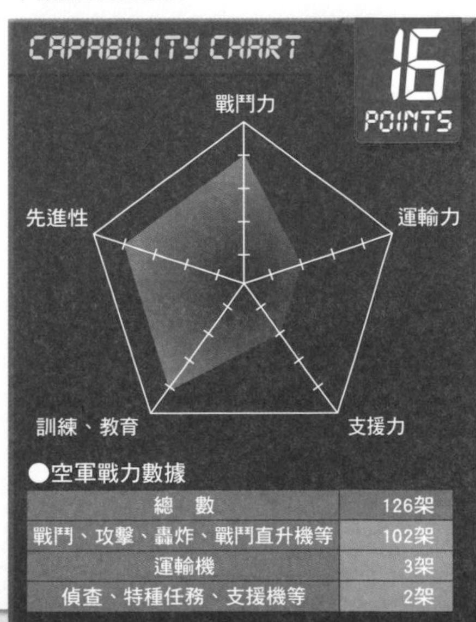

●空軍戰力數據

總　數	126架
戰鬥、攻擊、轟炸、戰鬥直升機等	102架
運輸機	3架
偵查、特種任務、支援機等	2架

因經濟惡化的關係，而放棄超過200架戰鬥機

保加利亞空軍

Bularian Air Force

空軍冷知識

保加利亞空軍計畫派遣2架Mi－8運輸直升機加入阿富汗駐軍，藉此參與國際活動以示有所貢獻。

保加利亞空軍的MIG－21UB戰鬥機：可能只有15架左右的MIG－21能夠運作。 照片來源：BuAF／Ognyan Stefanov

保加利亞在1996年爆發經濟危機時，發生超過500％的通貨膨脹，因此在IMF（國際貨幣基金組織International Monetary Fund的簡稱）的主導下展開改革。因為這個關係，從1998年開始，執行9個空軍基地的關閉作業，並且將原本配置超過200架的MIG－21、MIG－23與Su－22中，除了狀況比較好的MIG－21全部都拆解，也將Su－25攻擊機出售，並汰換成21架MIG－29／UB戰鬥機等之空軍改革政策。因保加利亞在2004年加盟NATO，因此MIG－21與MIG－29都改造成NATO樣式，目前似乎各有15架可運作。2011年，為了尋找後繼機種，而向各公司發出了信息徵詢書（Request For Information，簡稱RFI），卻只有SAAB公司提供了8架JAS39 Gripen戰鬥機的RFI。就在其他公司都沒有回覆的狀況下，導致過了RFI的期限，因此保加利亞決定再次要求提供資料。此外，4架Mi－8運輸直升機已經汰換成AS532運輸機，並且從2005年開始，配備8架運輸型與4架搜索救難型。

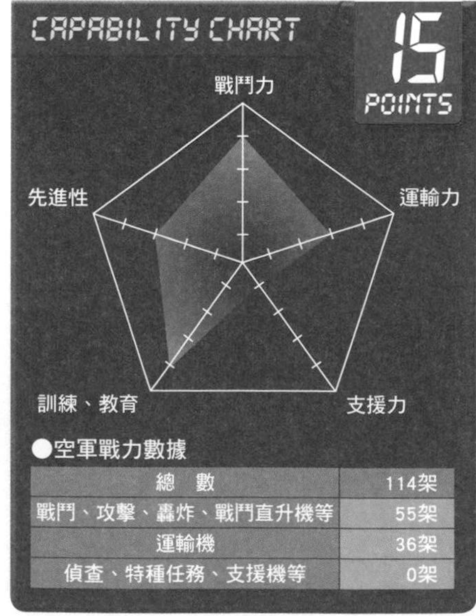

●空軍戰力數據

總　數	114架
戰鬥、攻擊、轟炸、戰鬥直升機等	55架
運輸機	36架
偵查、特種任務、支援機等	0架

不只參加NATO的作戰，還在世界各地獨自展開軍事作戰

法國空軍

French Air Force

空軍冷知識

被各國列為新一代戰鬥機候補的戰機有Rafale疾風戰鬥機、Super Hornet超級大黃蜂、Gripen獅鷲戰鬥機、提昇性能的F－16等第4.5代戰機，但法國的Rafale還沒有獲得採用（編註：2015年陸續有國家（印度、埃及）採購配置）。

法國空軍的Rafale C戰鬥機：目前已經配置80架，計畫要再增加150架。　照片來源：法國空軍

代表法國的戰鬥機就是Rafale戰鬥機，目前配置80架單座的C型與雙座的B型，現在世界上就只有法國採用這種戰鬥機。法國空軍的主力戰鬥機是幻象2000戰鬥機，這種戰鬥機依照任務需求分為5種機型。另外還配置24架防空戰鬥型的2000C、28架的2000－5F是可執行防空與地面攻擊任務的多用途型戰機、64架戰鬥轟炸型的2000D、6架的2000B是以戰術訓練為目的的雙座教練機。更配置24架的2000N，是可掛載ASMP巡弋核子飛彈，具有核子攻擊能力的戰鬥轟炸機（註5）。

這些戰鬥機除了配備在國內的28個航空基地外，另外在阿布達比、塞內加爾、加彭、查德、吉布他、新喀里多尼、法屬圭亞那等國外地區，都還設有航空基地。其中，幻象2000D被配置在吉布他，並且會將戰鬥機派遣到，過去曾被法國所殖民統治的查德、加彭等非洲國家。

在1954年的第一次印度支那戰爭中（越法戰爭，越南稱為東洋戰爭、反法抗

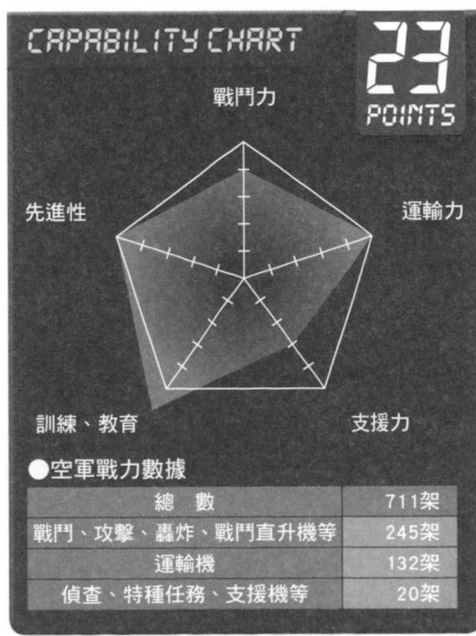

●空軍戰力數據

項目	數量
總　數	711架
戰鬥、攻擊、轟炸、戰鬥直升機等	245架
運輸機	132架
偵查、特種任務、支援機等	20架

空軍冷知識
從60年代到80年代，前法國空軍的飛行員以飛行員傭兵的身分，活躍於非洲國家的正規軍或叛軍之中。

法國空軍的幻象2000N戰鬥攻擊機：具備掛載核子飛彈的能力。 照片來源：法國空軍

戰），法國為了在北越的奠邊府實施空降作戰，而動員了超過100架的C－47與C－119C等運輸機來空降傘兵部隊。這個二次大戰後，法國史上規模最大的作戰，還動員了B－26轟炸機、F－8F戰鬥機、F6F戰鬥機等戰機，但最後卻有1萬人被俘，作戰也以失敗收場，這場失敗就成為了法國從越南撤退的主因。同年，法國對當時是法國屬地的阿爾及利亞展開約10年的軍事介入，當時執行了以B－26轟炸機轟炸反體制派等之任務，但法國也赴出了慘重的代價，最後就以政治解決的方式，讓阿爾及利亞獨立。

在波灣戰爭中，法國派遣幻象F1戰鬥機與幻象2000戰鬥機，祕密執行偵查任務。在科索沃紛爭與阿富汗戰爭中，則是派

法國空軍所運用的EADS Harfang無人偵察機：已經在阿富汗與利比亞的作戰中使用。 照片來源：法國空軍

法國空軍的F－1C戰鬥機：可能有17架正在使用（註6）。 照片來源：SHD

遣幻象2000戰鬥機執行空中戰鬥偵查與空中支援任務。並在自2001年開始的阿富汗作戰中，派遣幻象2000、F1戰鬥機、幻象IV轟炸機前往馬扎里沙里夫等地。伊拉克戰爭因為法國政府反對的關係，因此沒有派部隊參加。在2011年的利比亞戰爭中，法國空軍派遣的規模僅次於美國空軍，當時派遣包含幻象2000與Super Etendard 超級軍旗攻擊機、幻象F1戰鬥機等9個戰鬥機部隊參戰，並且在E－3F預警管制機的管制支援之下，執行地面攻擊等任務。近期則是在2013年，以查德的法國空軍基地為據點，以幻象2000與Rafale轟炸馬利北部的伊斯蘭武裝組織據點。

因接替除役的Su－27的後繼機種而受到矚目

白俄羅斯空軍及防空軍

Belarusian Air Force and Air Defense

白俄羅斯空軍在2012年年底，讓配置17架的Su－27戰鬥機除役，照片中的戰機是Su－27UMB－1戰鬥機。
照片來源：Stanislav Bazhenov

空軍冷知識

白俄羅斯是傳統的親俄羅斯國家，自2012年起，俄羅斯、白俄羅斯與哈薩克這3國組成統一經濟圈。而歐美國家，目前正在對現任總統實行的強權政治實施制裁。

白俄羅斯空軍配置38架MIG－29B／BM／UB戰鬥機，並配置約60架Su－25／UB攻擊機。大多的Su－25可能都被作為預備用機，實際上能夠運作的攻擊機可能只有一半左右。戰鬥直升機配置20架的Mi－24V／P，作為防空主力的Su－27O／BMP1戰鬥機與作為地面攻擊主力約30架的Su－24攻擊機，到2012年為止都已全部除役。唯獨MIG－29因無法替換的關係仍持續使用，但據說正在討論要配置Su－30戰鬥機。

因租借期限到期，而從印度歸還給俄羅斯的Su－30K，正好保管在白俄羅斯，因此原先有可能由白俄羅斯接手，但後來卻交給了安哥拉空軍。

另外用來協助Su－25攻擊機的4架Yak－130輕形攻擊機，預定從2015年開始配置，數量上有可能會再增加。白俄羅斯是除了俄羅斯之外，第一個使用Yak－130的國家。

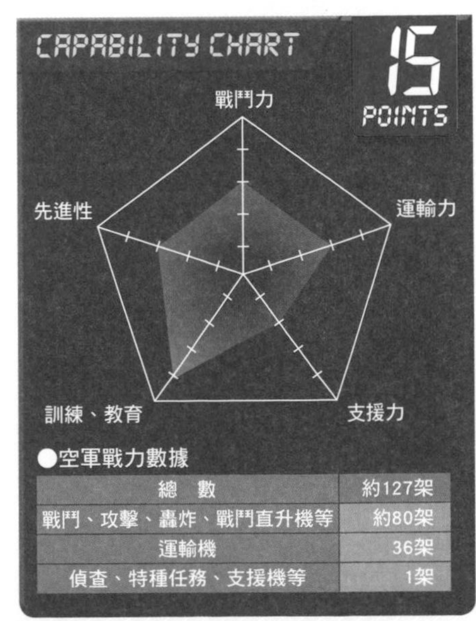

●空軍戰力數據

總　數	約127架
戰鬥、攻擊、轟炸、戰鬥直升機等	約80架
運輸機	36架
偵查、特種任務、支援機等	1架

空軍戰力仰賴荷蘭，正在減少F－16戰鬥機的數量

比利時航空構成部隊

Belgian Air Component

比利時空軍的F－16AM：到2004年為止，都已經完成MLU改造。

照片來源：柿谷哲也

空軍冷知識

比利時會執著於剛果，是因為剛果以前是比利時的殖民屬地。卡米納有比利時陸軍航空隊的基地，於50年代時，這個地方就設置了配置60架T－6教練機的高等飛行學校。

比利時因把航空戰力轉移到荷蘭等NATO成員國的關係，因此正在執行至2015年為止，減少F－16AM／BM戰鬥機的計畫，這10年來已經減少約30架，目前配置上約剩49架。但是F－16在近代比利時空軍中卻非常活躍，於1996年至2001年曾在巴爾幹半島執行作戰，在2005年和2008年對阿富汗的派遣，以及2011年利比亞戰爭派遣到希臘時，都執行了警戒監視飛行與地面攻擊任務。比利時也曾經派遣RQ－5 Hunter無人飛機前往海外，於2005年時曾經派遣到阿富汗，翌年也派遣到剛果民主共和國。除此之外，1991年時為了警戒監視伊拉克國境，曾經派遣18架幻象V戰鬥機前往土耳其。2005年則是派遣直升機部隊前往波士尼亞。

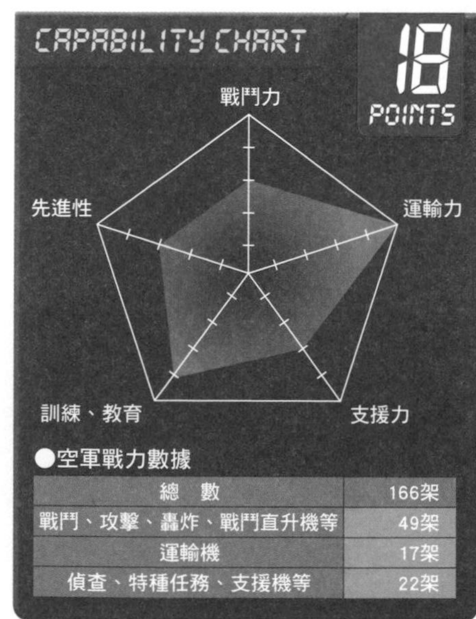

●空軍戰力數據

項目	數量
總　數	166架
戰鬥、攻擊、轟炸、戰鬥直升機等	49架
運輸機	17架
偵查、特種任務、支援機等	22架

受到NATO期待的最前線尖兵

波蘭空軍

Polish Air Force

波蘭空軍的Su－22M－4戰鬥攻擊機：配置於1984年，目前已經有半數以上除役，據說將來會汰換成F－35。

照片來源：柿谷哲也

空軍冷知識

波蘭所配置的F－16C／D是名為Blk.52+的最新機型。另外還配置比較老舊的F－16A Blk.15作為地面教材使用。

波蘭於1999年加盟NATO，成為與俄羅斯國境接壤的NATO前線基地。波蘭空軍為了把蘇聯式的戰術轉換成NATO式的戰術，而積極與各國空軍進行演習，特此還配置F－16C戰鬥機，藉此學習西方國家的技術。

2014年，因俄羅斯出兵入侵烏克蘭，因此波蘭發揮了最前線國家空軍的功效，美國等NATO成員國的戰機就駐紮在波蘭。目前的主力戰機是48架F－16C／D戰鬥機、31架MIG－29戰鬥機與36架Su－22M－4戰鬥攻擊機。

國內有老牌飛機製造公司PZL公司，製造PZL－130 Orlik教練機與MB28 Burya運輸機供空軍使用，An－28運輸機與Mi－2運輸直升機是由PZL仿製的產品。波蘭空軍在二次世界大戰後，包含加盟NATO後，都沒有實戰經驗。

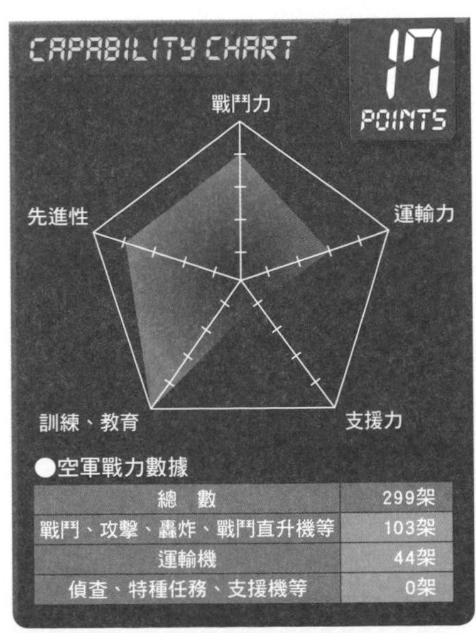

●空軍戰力數據

項目	數量
總　數	299架
戰鬥、攻擊、轟炸、戰鬥直升機等	103架
運輸機	44架
偵查、特種任務、支援機等	0架

空軍冷知識

雖然參加NATO的「和平夥伴關係計畫PFP」，但要加盟NATO就必須提出「加盟行動計畫（MAP）」，因此目前還沒有被承認加盟。

防空任務交給防空部隊，航空戰力的主要任務是直升機運輸

波士尼亞與赫塞哥維納空軍及防空旅

Bosnia and Herzegovina Air Force & Anti-Air Defense Brigade

波士尼亞與赫塞哥維納的政府軍旗下有空軍及防空旅，雖然配置SOKO J－22 Orao戰鬥機、K－21 Jastreb輕形攻擊機與G－4 Galeb輕形攻擊機，但總計似乎不超過10架。又因為資金有困難的關係，也無法汰換新型戰機，再加上沒有加盟NATO，所以防空體制由國內的防空大隊負責。在波士尼亞戰爭中，曾以防空武器擊落NATO的F－16戰鬥機、幻象2000戰鬥機、F／A－18戰鬥機與克羅埃西亞空軍的MIG－21戰鬥機。以Mi－8運輸直升機運輸部隊，可說是主要的任務。

波士尼亞與赫塞哥維納防空大隊所屬的SOKO J－22 Orao戰鬥機：機身上塗裝是塞族空軍時代的塗裝。 照片來源：Joop de Groot

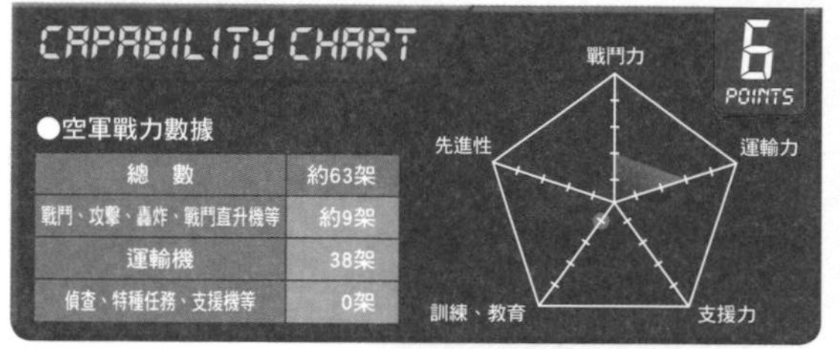

●空軍戰力數據

項目	數量
總 數	約63架
戰鬥、攻擊、轟炸、戰鬥直升機等	約9架
運輸機	38架
偵查、特種任務、支援機等	0架

Air Force Column 已經解散的空軍 塞族共和國空軍

波士尼亞與赫塞哥維納是由穆斯林系與克羅埃西亞系居民為中心的「波士尼亞與赫塞哥維納聯邦」，及以塞爾維亞系居民維中心的「塞族共和國」所構成的一個聯邦國家。這兩個民族的對立，導致了波士尼亞與赫塞哥維納紛爭的爆發。雙方都有獨自的總統與政府，權力劃分得很徹底。

此為塞族空軍到2006年為止，所使用的國籍標誌。

從南斯拉夫獨立後的1992年到2006年間，塞族共和國也擁有了空軍，當時配置J－22 Orao戰鬥機、J－21 Jastreb輕形攻擊、G－4 Galeb輕形攻擊機與J－21的偵查型IJ－21等各種戰機，但所有的戰機後來都被出售（或是幾乎都被拆解），空軍組織因此被波士尼亞與赫塞哥維納空軍吸收而解散。上面這張照片的J－22戰鬥機，在移交給波士尼亞與赫塞哥維納空軍後，還是繼續使用塞族空軍的塗裝。

統合海軍航空隊與陸軍航空隊後成立

葡萄牙空軍

Portuguese Air Force

葡萄牙空軍的P－3C CUP+偵察機：這是以2架前荷蘭空軍的CIP CG與3架Update II.5為基礎製成的。 照片來源：葡萄牙空軍

空軍冷知識

第二次世界大戰後，在原本是殖民地的維德角、葡屬幾內亞、聖多美和普林西比、安哥拉、莫三比克等地配置戰鬥機與或運輸機，對當地的武裝勢力實施作戰。

葡萄牙空軍是在1956年，將陸軍航空隊與海軍航空隊兩個不同組織統合後建立的，因此現在海軍的航空作戰是由空軍負責。

2011年起，5架用來汰換P－3P偵察機的P－3C CUP+偵察機與5架C－295偵察機負責反潛作戰與水面作戰。2010年，為了應付海盜而派遣P－3P前往賽席爾的馬黑，目前由P－3C CUP+繼續進行這項作戰。艦載機隸屬於海軍，由海軍運用。

葡萄牙空軍為了地面攻擊任務與防空任務，配置42架F－16AM／BM戰鬥機，並在科索沃與南斯拉夫的紛爭中，派遣戰機到義大利積極的參與作戰。這些戰鬥機從2001年左右，開始接受中階性能提昇MLU改造。到了最近的2013年，開始減少數量，目前已經決定要將9架戰鬥機與1架預備機出售給羅馬尼亞。現在由2個飛行隊，運用大約30架的戰鬥機。

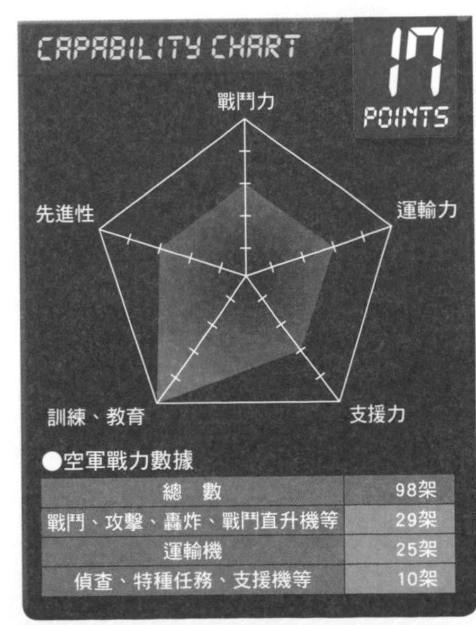

●空軍戰力數據

項目	數量
總　數	98架
戰鬥、攻擊、轟炸、戰鬥直升機等	29架
運輸機	25架
偵查、特種任務、支援機等	10架

空軍冷知識

因國名來自希臘，因此希臘反對馬其頓加盟NATO。現在暫時使用「馬其頓前南斯拉夫共和國」這個名稱。

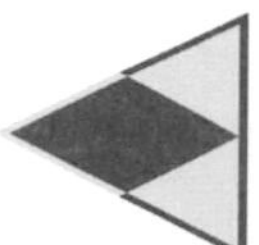

雖然積極協助NATO，但還沒有辦法加盟

馬其頓軍航空旅 Macedonian Aviation Brigade

1992年成立時，名為「空軍及防空軍」，但是在2001年時則改名為「航空旅」。目前採取以1架An－2R運輸機與6架Mi－8／17運輸直升機運輸部隊，以及以12架Mi－24V／K戰鬥直升機提供空中支援的體制。除此之外，據說還保管了4架Su－25攻擊機。雖然沒有加盟NATO，但因為參加PfP（和平夥伴關係計畫）的關係而積極參加NATO演習，2006年以EU成員國的身分，派遣Mi－8／17前往波士尼亞與赫塞哥維納加入NATO的ISAF部隊（駐阿富汗國際維和部隊，簡稱駐阿聯軍，International Security Assistance Force, ISAF）。

馬其頓航空旅的Mi－24V戰鬥直升機，另外還配置2架武裝偵察型的Mi－24K。 照片來源：VOSTANK

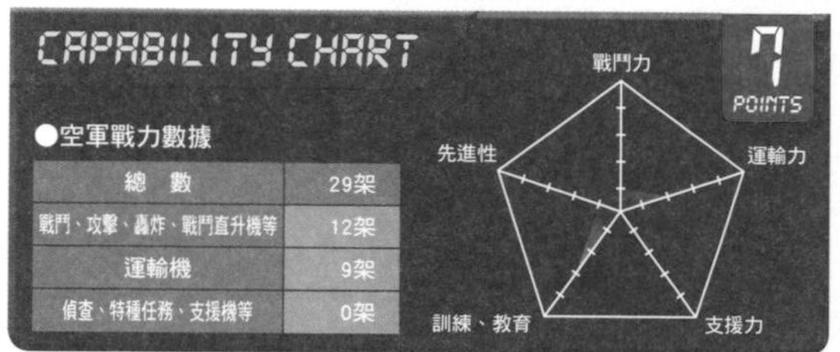

●空軍戰力數據

總　數	29架
戰鬥、攻擊、轟炸、戰鬥直升機等	12架
運輸機	9架
偵查、特種任務、支援機等	0架

空軍冷知識

馬爾他需要進行海上偵察，是因為非法移民會從北非搭船前來的關係。偵察機沒有武裝裝備，發現非法移民後，會通報艦艇部隊進行處理。

負責監視非法移民與支援地面部隊的飛行隊

馬爾他軍航空團 Air Wing of the Armed Forces of Malta

馬爾他軍航空團是成立於1973年，主要任務為運輸馬爾他軍部隊與海上偵察。配置2架BN－2B Islander偵察機與2架Beech B200偵察機負責海上偵察，另外還配置2架義大利陸軍之前配置過的AB－212作為部隊運輸用途使用，在2014年時，還配置了2架AW139運輸直升機。

AW139也會用來執行沿岸偵察與搜索救難任務，但目前主要是由利比亞空軍曾配置的SA316B通用直升機來執行救難任務。雖然配置了英國空軍曾配置的Bulldog T.1定翼教練機，但旋翼機的操縱訓練則是在義大利進行。

隸屬於馬爾他航空團定翼機飛行隊的B200海上偵察機，機體下方裝備搜索雷達與紅外線照相機。 照片來源：馬爾他共和國軍

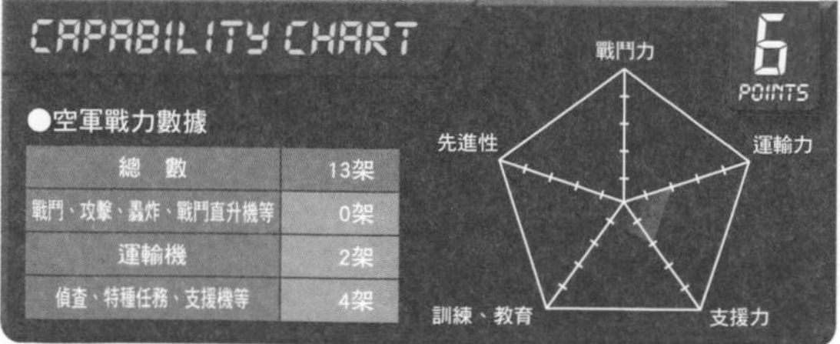

●空軍戰力數據

總　數	13架
戰鬥、攻擊、轟炸、戰鬥直升機等	0架
運輸機	2架
偵查、特種任務、支援機等	4架

摩爾多瓦交給美國的MIG－29，大多都被空軍用來進行研究後就拆解掉，其中有6架展示在各地的空軍基地。

曾經擁有31架MIG－29

摩爾多瓦空軍 Moldovan Air Force

1991年成立時，擁有31架繼承自蘇聯的MIG－29戰鬥機，但是幾年之後就沒有可更換的新零件，因此就依照兵力削減計畫，將其中21架送往美國。目前可能還保有6架，但可能無法運作。另外配置An－2、An－26、An－30各1架的運輸機作為運輸地面部隊用途。型號為Mi－8的運輸直升機中，有1架作為VIP專機，2架作為部隊運輸用途。另外還配置1架Mi－2通用直升機，以及定翼機初級訓練用的IAK－18T（羅馬尼雅緻Yak－18）教練機、與旋翼機初級訓練用的R－22教練直升機各1架。

摩爾多瓦空軍的Mi－8運輸直升機：據說2架作為運輸用途，1架作為VIP專機。
照片來源：美國國防部

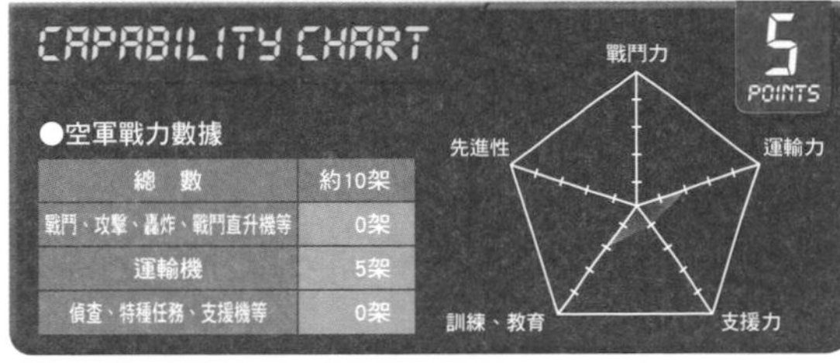

●空軍戰力數據

總　數	約10架
戰鬥、攻擊、轟炸、戰鬥直升機等	0架
運輸機	5架
偵查、特種任務、支援機等	0架

Air Force Column 位於摩爾多瓦國內的另一個空軍

聶斯特河沿岸摩爾達維亞共和國空軍
Pridnestrovian Moldavian Republic Air Force

在摩爾多瓦與烏克蘭之間的聶斯特河沿岸，存在著未獲得國際承認的摩爾達維亞共和國（Transnistria）。這個國家有獨立的政府，以及以前俄羅斯空軍提拉斯浦基地為據點的空軍。據說配置3架An－12運輸機、1架An－26運輸機、5架Mi－8運輸直升機、6架Mi－24戰鬥直升機等戰機，這個數字顯示其戰力超過摩爾多瓦的空軍。獨立時雖然曾經與摩爾多瓦爆發紛爭，但目前處於停戰狀態。因2007年的GDP大約是美金8億元左右，因此要維持上述的戰機有困難。2011年已經開始與摩爾多瓦展開非官方協議，即使將來被合併，也不清楚是否能夠繼續維持空軍戰力。

於2013年10月被拍攝到，並被公開在Google Earth上的提斯拉浦基地的照片。雖然可以看到An－30、An－2與Mi－8，但似乎都沒有在運作。

空軍冷知識

到2013年為止，都是使用照片中這種紅色圓形加上黃色邊框的國籍標誌，但最近改成新的標誌。

只使用南斯拉夫製的Gazelle瞪羚直升機

黑山軍航空隊 Montenegrin Air Wing

2006年脫離塞爾維亞及黑山獨立的黑山共和國，國內有黑山軍，軍隊下轄航空隊組織。配置用來提供空中支援的5架南斯拉夫SOKO公司仿製的SA312 Gazelle通用直升機，以及1架用來進行戰術運輸的Mi－8運輸直升機。航空隊還肩負起撲滅森林火災的使命，因此配置2架AT－802與2架PZL－18空中滅火機，初級訓練使用南斯拉夫製的UTVA75教練機，而定翼機可能隸屬於內政部的相關機構。

黑山軍的SA341 Gazelle通用直升機。 照片來源：黑山軍

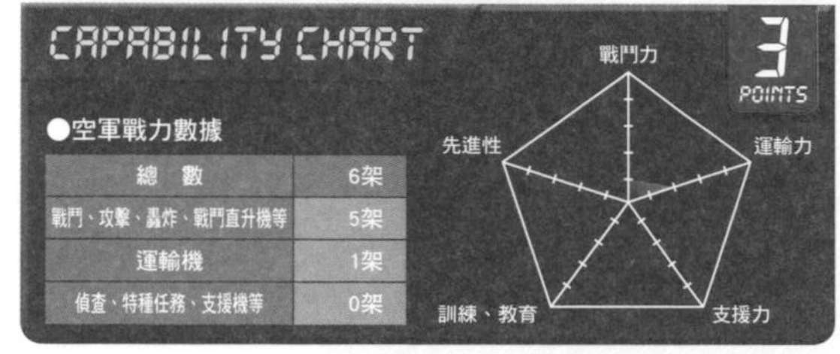

●空軍戰力數據

項目	數量
總　數	6架
戰鬥、攻擊、轟炸、戰鬥直升機等	5架
運輸機	1架
偵查、特種任務、支援機等	0架

空軍冷知識

拉脫維亞軍於2004年加盟NATO。艦艇部隊會參加NATO演習，地面部隊也參加過ISAF任務。

空軍作戰司令部已經成立，今後的擴充備受矚目

拉脫維亞空軍 Latvian Air Force

拉脫維亞於1991年，以波羅的海三國之一的身分，脫離蘇聯獨立。當時成立政府軍，並在翌年成立空軍。起初配置2架Mi－8運輸直升機，目前則是配置4架，當中的2架主要使用在海上搜索救難用途上。定翼機原本隸屬於國家警衛隊，但自2000年起變成由空軍管理。另外配置4架An－2運輸機與1架L－410運輸機作為運輸部隊用。在定翼機初級訓練方面，則使用PZL－104 Wilge。雖然有資料指出定翼機都已經無法運作，但目前獲得的消息中，已經確定在2013年年中時都還能夠使用。

拉脫維亞空軍的An－2運輸機。 照片來源：拉脫維亞國防部

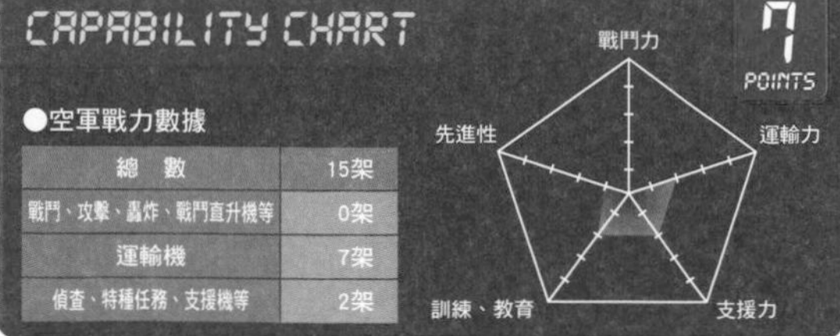

●空軍戰力數據

項目	數量
總　數	15架
戰鬥、攻擊、轟炸、戰鬥直升機等	0架
運輸機	7架
偵查、特種任務、支援機等	2架

成為波羅的海中面對俄羅斯之最前線基地

立陶宛空軍

Lithuanian Air Force

立陶宛空軍的L－39輕形攻擊機、L－410運輸機、An－26運輸機與C－27J運輸機。 照片來源：立陶宛空軍

空軍冷知識

目前訂購3架AS365N3 Dauphin II通用直升機，並於2015年開始配置。Eurocopter製造的EC210、EC135與EC415是由國境警衛隊與警方共同使用。

立陶宛於1991年脫離蘇聯獨立，空軍於1992年成立。在這之前，立陶宛也曾經被蘇聯併吞，後來在1920年脫離蘇聯獨立，到再次被吞併之前的20年間，也有空軍存在。

在成立新的空軍之後，於2004年加盟NATO，成為NATO成員之一的空軍，肩負起NATO面對俄羅斯之最前線部隊的使命。立陶宛提供基地供NATO戰鬥機（比利時、荷蘭、法國等）對波羅的海進行警戒。

為了牽制2014年入侵烏克蘭的俄羅斯，美國空軍也派遣F－15前往立陶宛的基地，並實施NATO演習。立陶宛空軍的主力是1架L－3ZA輕形攻擊機與3架前吉爾吉斯空軍的L－39C輕形攻擊機。

另外配置4架C－27J運輸機，2014年4月時派遣到中非的法軍索吉梅納基地，支援物資與人員的運輸，藉此協助穩定地區情勢。

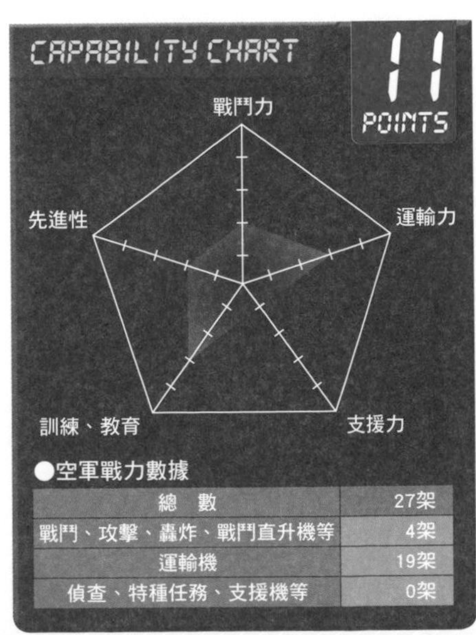

●空軍戰力數據

總　數	27架
戰鬥、攻擊、轟炸、戰鬥直升機等	4架
運輸機	19架
偵查、特種任務、支援機等	0架

2015年將成為F－16家族的一員

羅馬尼亞空軍

Romanian Air Force

空軍冷知識

羅馬尼亞空軍成立於1913年。第一次世界大戰時加入協約國陣營，第二次世界大戰時加入軸心國陣營。

羅馬尼亞空軍的MIG－21 Lancer C戰鬥機：這是相當於MIG－21MF的空對空專用戰鬥機。 照片來源：柿谷哲也

羅馬尼亞在航空業剛起步的1900年代初期，航空器產業就已經非常發達。以研發IAR系列聞名的Avioane Craiova公司，生產了88架IAR－93 Vultur戰鬥機與20架IAR－99 Soim輕形攻擊機供羅馬尼亞空軍使用。

羅馬尼亞空軍所配置的MIG－21，是與以色列的IAI共同進行升級的。從1996年起，就陸續移交多用途型的Lancer A、雙座型的Lancer B與空中戰鬥型的Lancer C。

另外Aero Star公司也透過製造航空器零件與替MIG－21進行升級改要等方式，在維持空軍戰力這方面貢獻心力。

2007年，為了參加NATO的波羅的海監視任務，而派遣MIG－21前往立陶宛，這是羅馬尼亞第二次派遣戰機前往立陶宛。上一次是蘇聯統治時代。2015年起，預定要從葡萄牙購買9架（+1架取得零件用）F－16AM／BM（MLU）戰鬥機與3架美國空軍曾配置的F－16A。

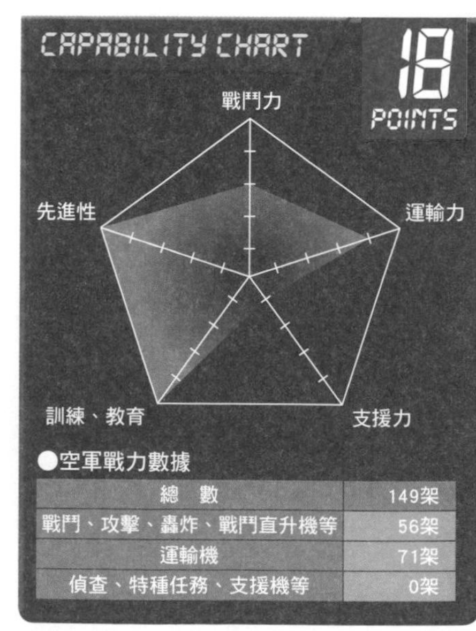

●空軍戰力數據

項目	數量
總　數	149架
戰鬥、攻擊、轟炸、戰鬥直升機等	56架
運輸機	71架
偵查、特種任務、支援機等	0架

雖然NATO的E－3登錄為盧森堡籍，但並沒有停放在盧森堡國內的芬德爾機場。這是因為國際航班較多，因此停機坪沒有空間的關係。

終於配置獨自的軍機

盧森堡軍 Luxembourg Army

盧森堡並沒有空軍，陸軍在1952年到1968年之間，將3架Peiper L－18C Super Cub作為聯絡機使用。後來就沒有配置任何軍機，但目前已經決定自2019年起，要配置1架空中巴士A400M運輸機。

比利時購買的8架戰機之中，其中1架的費用是由盧森堡支付，因此有可能會停放在盧森堡，而且機組員也可能會是盧森堡軍人。NATO所使用的E－3預警管制機與教練機，因為某些緣故而登錄為盧森堡籍。

盧森堡將於2019年配置的空中巴士A400M運輸機的展示機。

照片來源：AIRBUS

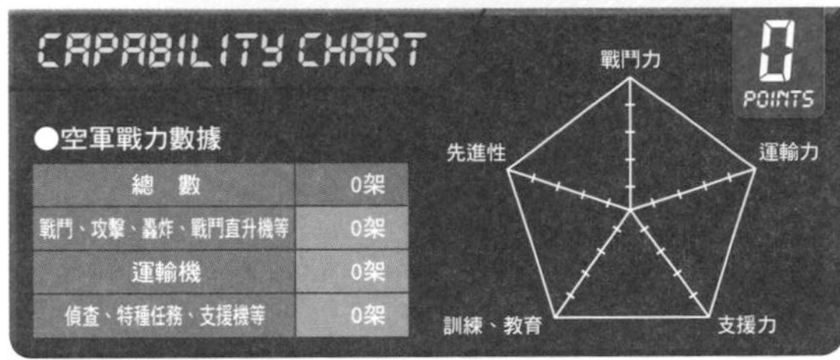

●空軍戰力數據

總　數	0架
戰鬥、攻擊、轟炸、戰鬥直升機等	0架
運輸機	0架
偵查、特種任務、支援機等	0架

Air Force Column 由北大西洋公約組織(NATO)成員國的戰機構成的任務隊

北大西洋公約組織預警管制任務隊 NATO Airborne Warning and Control System Task Force

北大西洋公約組織（NATO）有一支由17架E－3A預警管制機、2架作為E－3A訓練用的波音CR－49A（波音707）教練機所組成的NATO預警管制任務隊（NAEW&CF），這支部隊的戰機都登錄為盧森堡籍，部隊則是被配置在德國的蓋倫基興基地。NATO另外還有一支配置3架C－17運輸機的NATO重型空運聯隊（SAC），機體上畫有匈牙利的國籍標誌，戰機也配置於匈牙利。這些隸屬於NATO的戰機，都是由NATO成員國選出來的。

NATO所運用的E－3A預警管制機。

照片來源：柿谷哲也

象徵強悍俄羅斯復活的強大空軍

俄羅斯空軍

Russian Air Force

俄羅斯空軍的MIG－31戰鬥機：這是以MIG－25為基礎開發出來的防空專用戰鬥機，最快速度為2.83馬赫。

照片來源：俄羅斯空軍

俄羅斯空軍的規模僅次於美國。最近雖然數量被中國追上，但是在轟炸機、戰鬥機、直升機等戰機的性能面、先進度與操作教育層面，都大大的領先中國。蘇聯解體後，因為經濟停滯的關係，空軍戰力一度大幅滑落，但後來因經濟逐漸恢復，訓練時間也增加，這幾年來，飛行員的平均飛行時數都超過100小時。但這個數字還是只有日本與美國的一半以下。空軍由航空、防空司令部、軍事運輸航空司令部與遠程航空司令部構成。空軍採用國內主要企業研發與生產的航空器，建立起軍、產、學一體的體制。俄羅斯將廉價且高性能的戰鬥機，輸出給包含前蘇聯成員在內的共和國國家，因此在人才培育與戰機供給等方面，對世界上空軍戰力規模較小的國家具有極大的影響力。

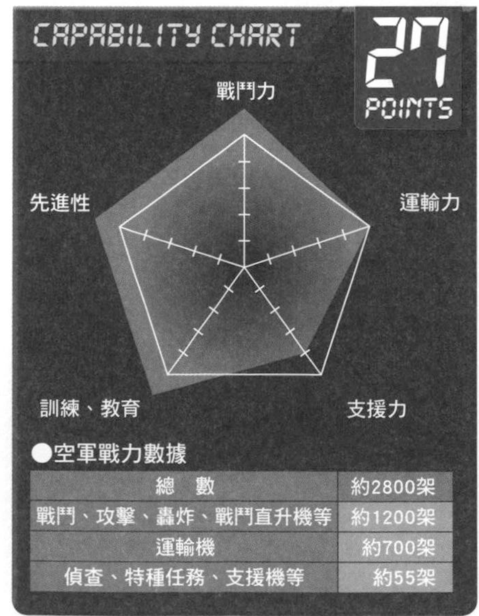

●空軍戰力數據

項目	數量
總　數	約2800架
戰鬥、攻擊、轟炸、戰鬥直升機等	約1200架
運輸機	約700架
偵查、特種任務、支援機等	約55架

空軍冷知識

在美國由空軍負責的洲際飛彈與宇宙開發，在俄羅斯軍裡則是由戰略火箭軍與空天防衛軍等兩個不同於空軍的組織所負責。

自從俄羅斯入侵烏克蘭後，美國就得知俄羅斯的轟炸機會飛到關島或加州沿岸，因此經常派出F－15等戰機緊急起飛前往巡視。

Su－27戰鬥機的衍生型已登場：這是正在改造成多用途戰機的俄羅斯空軍主力戰鬥機。　照片來源：俄羅斯空軍

俄羅斯全國領土可分為4個軍區，靠近日本的軍區以前叫做極東軍區，後來改編時與西伯利亞軍區合併成東部軍區。軍區內有司令部位於哈巴羅夫斯克的第11空軍中，防空的據點是位於海崴威附近的耶夫卡基地。這個基地就是1976年引發「MIG－25事件」的MIG－25戰鬥機起飛的基地，這個基地目前配備MIG－31戰鬥機。位於這個基地附近的烏古羅瓦雅基地配備Su－27戰鬥機，在311大地震時，為了執行輻射偵測任務而接近日本的Su－27，似乎就是由這裡起飛的。位於日本航空自衛隊千歲基地西北方1300公里處的烏克萊卡基地，是配備Tu－95MS轟炸機的遠程航空司令部基地，有時候出現在日本周圍的Tu－95MS，就是從這裡起飛。而Tu－22MR轟炸機，則是由位於更內陸的貝雅拉基地起飛，從這個基地往返日本周圍的航程達到6000公里，因此途中應該會進行空中加油。飛到日本周圍的轟炸機與偵察機，有些是隸屬於海軍的戰機。

這是目前正由蘇愷設計局進行研發的PAK－FA戰鬥機。已經試製3架，預定2016年將開始撥交量產型給空軍。
照片來源：俄羅斯空軍

MIG－29SMT戰鬥機，搭載著輸出用的MIG－29所沒有的高性能電子儀器。　照片來源：俄羅斯空軍

空軍冷知識

俄羅斯戰鬥機名稱中的「MIG」、「Su」是取自於設計局名稱的通稱，蘇聯解體後這些設計局都民營化，並且變成公開公司。另外，俄羅斯航空器製造公司，都成為於2006年成立的統一航空器製藥公司UAC的子公司。

由Su－27衍生出來的Su－34戰鬥轟炸機：這種並排雙座式的戰鬥機，在近年的戰鬥轟炸機中是比較罕見的。
照片來源：俄羅斯空軍

俄羅斯空軍的主力戰鬥機是約270架的SU－27SM／SM3戰鬥機、SU－30M2／SM戰鬥機、Su－35S戰鬥機等Flkner系列戰鬥機，Su－27將要汰換成Su－30／35，據說目前已經訂購約80架。MIG－29／SMT配置約250架，將來會透過延長壽命與改良型的方式來汰換超過50架。另外，蘇愷設計局正在研發的PAK－FA（T－50）隱形戰鬥機，是能夠與美國的F－22與F－35戰鬥機對抗的第五代噴射戰鬥機，預定在2016年左右開始使用。戰略轟炸機配置12架Tu－160轟炸機與107架Tu－22M轟炸機，因為都能夠掛載遠程巡弋飛彈，因此對美國航空母艦艦隊來說，是一大威脅。支援戰鬥機與轟炸機的預警管制機，有13架是從Il－76改造而來的A－50。空中加油機有23架也是由Il－76改造而來的Il－78M2，將來還要再追加31架。俄羅斯空軍與美國空軍差別最大，且對戰術影響最大的，應該就是這個空中指揮功能與加油功能，兩國空中加油機的數量相差10倍以上，美國為了能夠讓戰機被派遣到NATO或世界各地，因此加強空中加油能力。俄羅斯包含蘇聯時代在內，因參加多國演習的機會並不多，因此派遣戰鬥機前往與外國部隊一起訓練的次數相對較少。

Tu－95MS轟炸機的原型機雖然是在1952年試飛的，但目前還有50架以上在第一線服役。 照片來源：柿谷哲也

俄羅斯空軍的Tu－22M2轟炸機：這與利比亞、伊拉克使用的Tu－22是同名但種類不同的戰機。
照片來源：俄羅斯空軍

第二次世界大戰後，蘇聯規模最大的作戰行動就是入侵阿富汗。活躍在這場戰爭中的Mi－24戰鬥直升機非常有名，另外也曾經派遣MIG－23戰鬥機與MIG－27戰鬥轟韓戰停戰之後，俄羅斯就不再公開的在空中與美國爆發衝突，但是自蘇聯時代開始，遠程轟炸機就經常挑釁美國艦艇，美國海軍則是以派遣航空母艦艦載機緊急起飛的方式來對應。

執行空中支援任務的Mi－35戰鬥直升機，不是由陸軍指派任務，而是由空軍指派。除此之外還配置Mi－28等戰鬥直升機。 照片來源：俄羅斯空軍

炸機執行地面攻擊任務，據說，MIG－23MLD還擊落1架巴基斯坦空軍的F－16A。

在1978年的「大韓航空902號班機空難」中，Su－15戰鬥機以飛彈攻擊入侵蘇聯領空的大韓航空飛機型號B707的客機，造成客機引擎受損而迫降。另外在1983年的「大韓航空007號班機空難」中，Su－15TM戰鬥機與MIG－23P戰鬥機起飛攔截入侵蘇聯領空的大韓航空飛機型號B747的客機，最後由Su－15發射的飛彈擊落客機。

成為俄羅斯空軍之後，於2008年的南奧塞提亞紛爭中，出動Tu－22M與Su－25轟炸喬治亞的政府設施與軍事據點，但是也有6架包含Tu－22M在內的戰機被擊落（包含不小心被友軍擊落的在內）。2014年入侵烏克蘭時，在國境附近配置Su－27戰鬥機與Su－24攻擊機，Su－24甚至還進入烏克蘭境內。烏克蘭的戰鬥機雖然沒有升空迎戰，但如果爆發紛爭，就可能造成從蘇聯時代就是盟友的雙方空軍彼此交戰，發生空戰。

Il－80指揮管制機配置8架：這種戰機沒有戰術上的運用，主要是用來進行總統做出指揮決定等之用途。 照片來源：俄羅斯空軍

Beriev A－50預警機的任務與美國的E－3相同，這種預警機也輸出給印度空軍。 照片來源：俄羅斯空軍

世界的空軍戰力與掛載武器

據代表性的武器種類

空軍的本質就是以航空器使用炸彈或飛彈攻擊敵人，給敵人造成損害。即使配置高性能戰鬥機，但如果掛載的炸彈與飛彈性能不佳，就無法給敵人造成損害。相對的，如果使用老式的戰鬥機，只要掛載最新技術的精密導航炸彈或飛彈，有時候就能順利達到目的。接下來就介紹因應各種不同目的而研發的炸彈或飛彈之中，具有代表性的武器。

●遠程空對空飛彈

在射程達到幾百公里的遠程空對空飛彈中，最有名的就是以前美國海軍的F－14戰鬥機，為了艦隊防空而掛載的AIM－54鳳凰飛彈，射程達到200公里，但美國空軍並沒有這種配置這種飛彈，這是因為飛彈本身的體積太大，會影響到其他武器的掛載。另一個原因應該是美國空軍認為，自己執行遠征任務的機會比防空任務還多，因此擁有這種飛彈並沒有顯著的效果。俄羅斯則有防空戰鬥機MIG－31可掛載的R－37等。不過，即使雷達捕捉到在幾百公里遠的地方，有直線飛行的航空器，卻也無法輕易的透過駕駛艙裡的雷達，來判別那是敵機還是客機。所以在戰爭時，如果不是闖入被設定廣達幾百公里之禁飛區的目標，就不容易判斷是否為敵機。

●中程空對空飛彈

幾乎所有的戰鬥機，都將射程100公里左右的中程空對空飛彈作為主要的飛彈。在這個距離，有敵意的航空器就會為了準備攻擊而行動，透過駕駛艙的雷達，也能夠清楚的看出敵機詭異的行動。美國的AIM－7麻雀飛彈與俄羅斯的R－27等，就是最具代表性的中程空對空飛彈，這種飛彈可說是在護航轟炸機或攻擊機的任務中，不可或缺的。衝向目標進行轟炸之編隊的航空器，很有可能是敵軍的戰鬥機，如果敵機的數量較多，就會演變成近身戰，最糟糕的狀況就是造成轟炸作戰被迫中止。因為必須要盡量在遠一點的地方擊落敵機，所以射程大約100公里左右的飛彈較方便使用。

●短程空對空飛彈

現代的戰鬥機與第二次世界大戰時，以機槍互相射擊的戰鬥機不同，基本上是採用以雷達擊落目視範圍外之敵機的遠程戰術。但是某些任務必須由飛行員先以目視的方式確認對方之後，再來進行應變。例如，緊急起飛去警戒與監視即將侵犯領空之航空器的任務，或是監視、或強制誘導運輸禁運物資的客機或運輸機降落的任務。而英國研發的ASRAAM飛彈，最短能夠在300公尺的距離發射。

短程空對空飛彈的一個重要用途就是「自衛」。在執行攻擊任務時，即使戰機掛載大量的炸彈，也會為了預防敵軍進行空戰攻擊，而掛載自衛用的空對空飛彈。AIM－9響尾蛇飛彈，就是最具代表性的短程空對空飛彈，這種飛彈除了能夠在雷達偵測範圍內使用外，也能夠在目視交戰範圍內使用。

●反輻射飛彈

（Anti-Radiation Missile，ARM）

在對敵軍的基地、機場、港灣發動攻擊時，為了破壞敵軍的防空體制，有時候需要攻擊敵軍的雷達或是通訊基地。但防空雷達會一直對天空發射電波，因此使用反輻射飛彈，就能夠透過飛彈本體偵測、找出訊號來源，在確認訊號發射方向後，就能追隨訊號電波前去破壞雷達基地。HARM等飛彈就是著名的反輻射飛彈，但因為價格昂貴，因此只有部分國家能夠使用。

●反艦飛彈（又稱攻艦飛彈）

這是用來攻擊水面艦艇的空對艦飛彈，大多是將艦對艦飛彈研發成戰鬥機也能夠掛載的形式，美國的魚叉飛彈就是著名的空對艦飛彈。但是當飛行員能夠從駕駛艙看到敵艦時，就會遭到敵艦防空飛彈攻擊，因此必須在幾十公里遠的距離發射，不過，這時候飛行員就無法判斷目標是否是正確的攻擊目標，當然飛彈本身也沒有識別能力。

●深水炸彈（depth charge，又稱深彈）

從空中對水中的潛艦等目標投放的炸彈就稱為深水炸彈，大多的深水炸彈都能夠設定引爆的深度。因為在水中，會因為爆炸的力量而產生泡沫噴流的效果，如果要擊沈敵艦，只需要讓深水炸彈在敵艦的附近爆炸即可，並不需要精確的命中目標。

●魚雷

用來攻擊潛艦與艦艇的魚雷與深水炸彈不同，無法隨意投放，必須透過先將資料輸入魚雷本體等諸多程序才能發射，因此沒有戰鬥機與攻擊機掛載魚雷的例子，主要都是掛載在由專業機組員操控的海上偵察機上。

●空對地飛彈

這是以影像導航或雷射導航，來破壞敵軍的設施、建築物或橋樑等重要目標的飛彈，可以從距離幾百公里的位置發射，以程式或GPS定位系統為主要導航系統的空對地飛彈，就稱為「巡弋飛彈」。由魚叉飛彈發展而來延伸射程的SLAM－ER導彈，也是其中一種。

●火箭砲

不同於飛彈，是用來發射沒有導航功能的火箭彈的武器，就是火箭砲。這是能夠在飛行員目視確認敵軍陣地的火砲或戰車等目標之後，就能

MIG－29掛載的各種武器。　照片來源：柿谷哲也

正在執行將GBU－54一般炸彈（訓練彈）掛載到F－16上的作業。 照片來源：美國空軍

夠一口氣造成巨大破壞的武器。攻擊機與戰鬥直升機經常使用這種武器，對戰鬥直升機來說，這種武器也是空對空武器，因為不需要在駕駛艙內安裝導航裝置等特別的機器，因此有時候也會掛載在運輸直升機上。

●機槍（亦稱機關槍、機關銃）

機槍的口徑分成20mm、30mm等幾種，大多都是裝備在戰鬥機的機體內。如果要將教練機當做輕形攻擊機使用，有時候就會掛載夾艙式的機槍。反坦克直升機所裝備的機槍，大多都是不管機體的方向為何，都能夠把槍口轉向前後左右任一方向的樣式。

●一般炸彈

攻擊的主力就是炸彈，這是最古典的武器，即使是配置有攻擊力戰機的小規模空軍，應該幾乎也都會裝備一般炸彈（普通炸彈）。「一般」，指的就是以火藥引爆的自由落體炸彈。炸彈的重量從250磅到3000磅不等，會依照目標的規模與掛載戰機的能力，來選擇使用的炸彈。

●精密導航炸彈

在一般炸彈上加裝導引裝備或小型翅膀的炸彈，就是精密導航炸彈。要讓這種炸彈命中目標，就必須由投彈的戰機、僚機或是潛入地面的導引員，持續以雷射光（或雷達）照射目標。除此之外還有不是用乘波導引，而是以GPS定位系統或貫性導引系統導航的聯合直接攻擊械彈（Joint Direct Attack Munition，簡稱JDAM）。

照片來源：柿谷哲也

Section4

全球164國空軍戰力完整絕密收錄

亞洲西部

傭兵飛行員也參加與鄰國的戰爭

亞塞拜然航空及防空軍

Azerbaijani Air and Air Defence Force

亞塞拜然防空軍的Mi－24P戰鬥直升機。 照片來源：Azerbaycan

空軍冷知識

部分的Su－25攻擊機，是由喬治亞與以色列共同研發出的改良型——為Su－25KM Scorpion。

亞塞拜然軍在與亞美尼亞之間，為了納戈爾諾・卡拉巴赫領有權問題而爆發的納戈爾諾・卡拉巴赫戰爭（1988至1992）中，完全敗給亞美尼亞軍，至此之後就與亞美尼亞斷絕關係。

在這場戰爭中蘇聯人被雇為傭兵，駕駛亞塞拜然防空軍的MIG－21戰鬥機與MIG－25戰鬥機。以當時雙方的航空勢力來看，亞塞拜然完全佔了優勢，但是卻有47架亞塞拜然戰機遭防空武器擊落。

目前的主力是13架MIG－29戰鬥機、11架Su－24攻擊機與11架Su－25攻擊機，另外還擁有5架MIG－25戰鬥機，而且MIG－25還計畫要進行近代化升級，不過目前不知是否還能運作。現在已經開始從中國購買JT－17戰鬥機，據說要配置超過24架。另外在戰鬥直升機方面，配置12架的Mi－24／35。

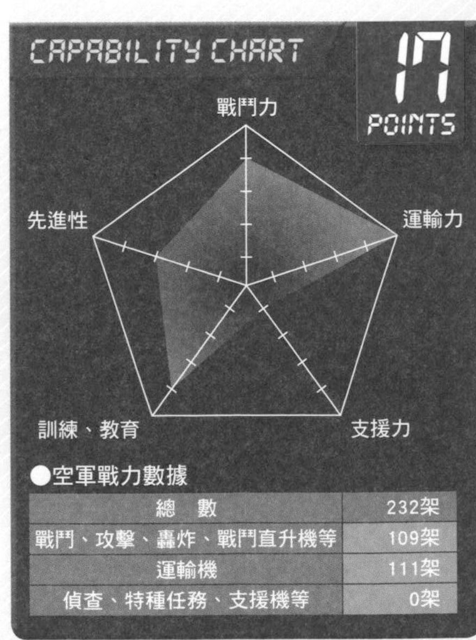

●空軍戰力數據

總　數	232架
戰鬥、攻擊、轟炸、戰鬥直升機等	109架
運輸機	111架
偵查、特種任務、支援機等	0架

以戰後復興為目標，正在增強空軍戰力

阿富汗空軍

Afghan Air Force

阿富汗空軍的C－27（G222）運輸機：螺旋槳是前海上自衛隊US－1所使用的螺旋槳。　照片來源：美國空軍

空軍冷知識

美國空軍雖然已從阿富汗國內撤退，但是以NATO為中心的各國空軍戰機，還繼續駐紮在巴格拉姆空軍基地等地。

阿富汗空軍曾經配置Su－22M戰鬥機、MIG－21戰鬥機、L－39輕形攻擊機等戰機，但是在阿富汗紛爭（1978至1989）後，因蘇聯技術人員撤離等原因，使得阿富汗失去蘇聯的協助，因此塔利班政權就只剩5架MIG－21戰鬥機、10架Su－22M戰鬥機與少數幾架Mi－8可使用。

在2001年美國發動的反恐戰爭中，這些空軍戰機遭到破壞，新政權成立後空軍就開始進行重建。目前配置13架C－27運輸機與18架Cessna208通用機，後來因C－27的螺旋槳沒有備用零件，而日本海上自衛隊的US－1救難飛行艇，是世界上唯一使用相同螺旋槳的戰機，因此就透過美國，將US－1的備用螺旋槳交給阿富汗。

現在阿富汗為了在反恐戰爭中執行偵察任務，因此開始配置18架將Pilatus PC－12通用機改造成偵察機的PC－12NG。

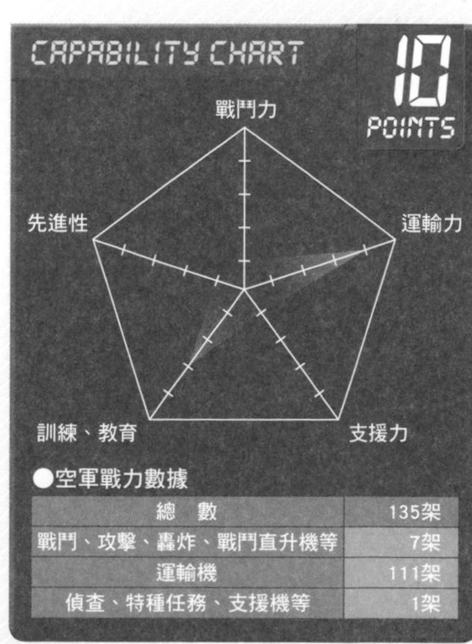

●空軍戰力數據

總　數	135架
戰鬥、攻擊、轟炸、戰鬥直升機等	7架
運輸機	111架
偵查、特種任務、支援機等	1架

唯一使用最新型之F－16E的空軍

阿拉伯聯合大公國空軍

United Arab Emirates Air Force

F－16E（F-16E Block 60：這個「批次60（Block 60）」只有出售給阿拉伯聯合大公國空軍）是擁有ASEA雷達、增加推力的F110引擎等裝備的最新型F－16戰鬥機。
照片來源：柿谷哲也

1972年，以1968年成立的阿布達比陸軍航空隊為核心，將各大公國的航空勢力統合後成立UAE空軍。初期的教育與訓練由巴基斯坦空軍的教官負責，因此兩國目前都還有在研修等方面進行交流。

目前在美國與法國的協助之下進行教育訓練。在戰鬥機的配置之中，最新型的F－16——Blk.60 F－16E與雙座型的F－16F就有78架，預定還要再追加25架。另外還配置16架幻象2000E（EAD／RAD）戰鬥機・戰鬥偵察機、33架幻象2000－9戰鬥機、15架雙座型的幻象2000DAD／－9DAD戰鬥機。

另外目前已經訂購3架A330空中加油機，由空軍運用以支援陸軍作戰的直升機，目前配置30架AH－64D／E戰鬥直升機，並預定還要再追加30架。

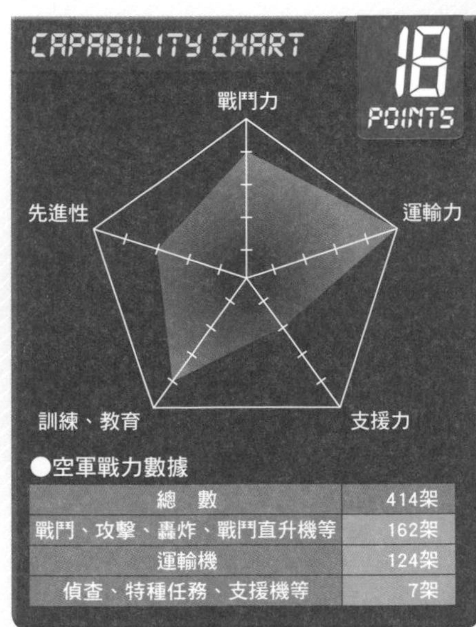

●空軍戰力數據

總　數	414架
戰鬥、攻擊、轟炸、戰鬥直升機等	162架
運輸機	124架
偵查、特種任務、支援機等	7架

空軍冷知識

在2011年的利比亞戰爭中，派遣F－16E／F與幻象2000－9前往義大利，與西班牙的EF－18戰鬥機等戰機一起參加警戒監視作戰。

與鄰國處於臨戰狀態，主要負責地面攻擊的空軍

亞美尼亞空軍

Aremenian Air Force

亞美尼亞空軍的Mi－24P戰鬥直升機。　照片來源：Robin polderman

空軍冷知識

在納戈爾諾・卡拉巴赫中，擔任亞美尼亞空軍主力的Su－25攻擊機，曾因遭到友軍攻擊而損失，很有可能是被誤認為敵軍的Su－25。

自1988年與亞塞拜然之間因納戈爾諾・卡拉巴赫自治區的問題爆發衝突，而持續了4年的納戈爾諾・卡拉巴赫戰爭中，雖然空軍戰力遠遠比不上對手，但卻以防空武器擊落亞塞拜然的28架戰鬥機與19架直升機。這場戰爭因為亞美尼亞地面部隊活躍，而成功佔領該自治區讓亞美尼亞獲勝。後來亞美尼亞空軍戰機（機種不明，有可能是直升機），在屠殺亞塞拜然系居民的事件中也參與攻擊。目前的主力是14架Su－25攻擊機與15架Mi－24戰鬥直升機，雖然還配置1架MIG－25戰鬥機，但可能已經無法運作。另外還配置2架Mi－8運輸直升機的空中指揮通訊型Mi－9這種罕見的戰機，但不知道亞美尼亞空軍是否把這種直升機作為指揮通訊機使用。

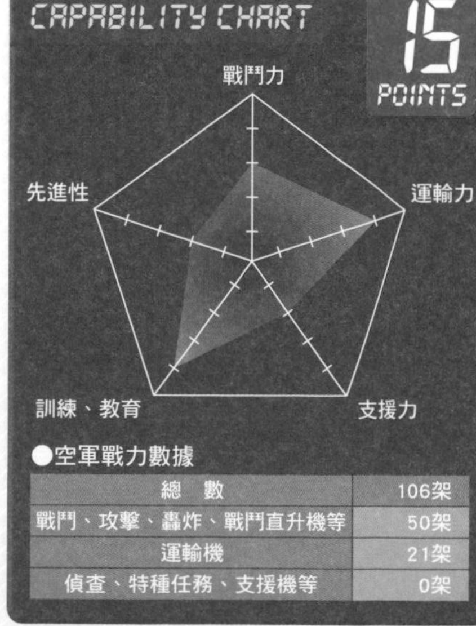

●空軍戰力數據

總　數	106架
戰鬥、攻擊、轟炸、戰鬥直升機等	50架
運輸機	21架
偵查、特種任務、支援機等	0架

以F－5與MIG對抗國內反政府勢力的空軍

葉門空軍

Yemeni Air Force

空軍冷知識

針對葉門國內的恐怖分子組織，美軍與葉門軍分別進行攻擊，2002年派出的RQ－1掠奪者無人偵察機第一次成功的以AGM－114地獄火飛彈，殺害恐怖分子組織的幹部。

2010年，在首都沙那被拍到的葉門空軍的MIG－29。 照片來源：dpa／時事通信Photo

現在的葉門空軍，在1990年時，將原本接受西方國家支援，並配置F－5B、F－5E戰鬥機的北葉門空軍，與接受蘇聯支援且原先配置MIG－15、MIG－17、MIG21戰鬥機的南葉門空軍，二者統一而成立的。

2004年，為了鎮壓什葉派武裝組織的叛亂，空軍戰機實施地面攻擊，但當時有總計3架的MIG－21與Su－22遭到防空武器擊落。目前葉門政府，還在繼續對國內的什葉派武裝勢力叛亂分子實施地面攻擊，由此看來，葉門空軍還須要持續的戰鬥。

另外，在面對與蓋達組織有關的恐怖組織的戰鬥之中，為了支援葉門陸軍，葉門空軍派遣了運輸直升機與戰鬥直升機參加作戰。

目前配置11架F－5E戰鬥機、20架MIG－21戰鬥機、24架MIG－29戰鬥機與31架Su－22攻擊機，並計劃再追加輸入32架MIG－29。

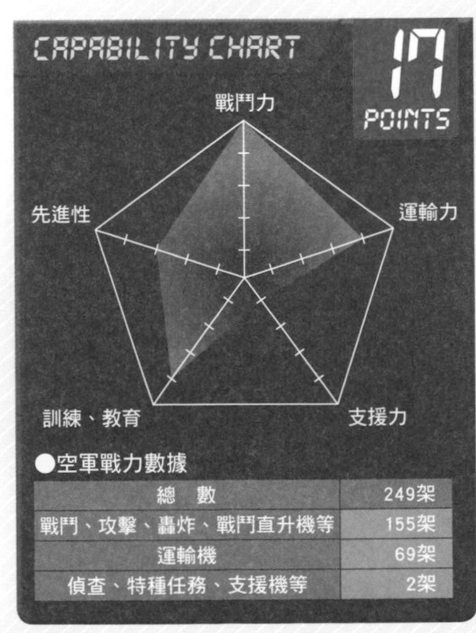

●空軍戰力數據

總　數	249架
戰鬥、攻擊、轟炸、戰鬥直升機等	155架
運輸機	69架
偵查、特種任務、支援機等	2架

連美國空軍都比不上，經歷世界上最多的空戰國家

以色列航空宇宙軍

Israeli Air nad Speace arm

以色列空軍的F－16I，背部似乎裝備著能夠在空中控制有著無人飛機、無人機之稱的UAV無人飛行載具（Unmanned Aerial Vehicle， UAV），亦稱無人飛機系統（Unmanned Aircraft System， UAS）的衛星通訊天線。 照片來源：田口恭久

以色列空軍，是配置了42架F－15A／C戰鬥機、25架F－15I戰鬥轟炸機、76架F－16C戰鬥機、100架F－16I戰鬥機，並且已訂購20架F－35A的強大空軍。為了培育優秀的飛行員，會把超過150架以上的F－15B／D與各種F－16等戰鬥機作為教練機使用。

以色列空軍會變得如此強大，是因為1960年代，周圍4個充滿敵意的國家空軍戰機數量龐大的關係，因此以色列必須建立超越這些敵人的空軍戰力。

因以色列國土狹小，如果不在敵機從基地起飛的瞬間，就派戰機緊急攔截，首都就有可能遭到攻擊。

以色列曾經經歷過一次有超過40架以上戰機參加的大規模空戰，到目前為止，包含未公開的戰果在內，以色列已經擊落800架以上的埃及戰機、敘利亞戰機、約旦戰機、伊拉克戰機、蘇聯戰機、利比亞戰機與包含真主黨戰機在內的黎巴嫩戰機，是全世界經歷過最多空戰的空軍。

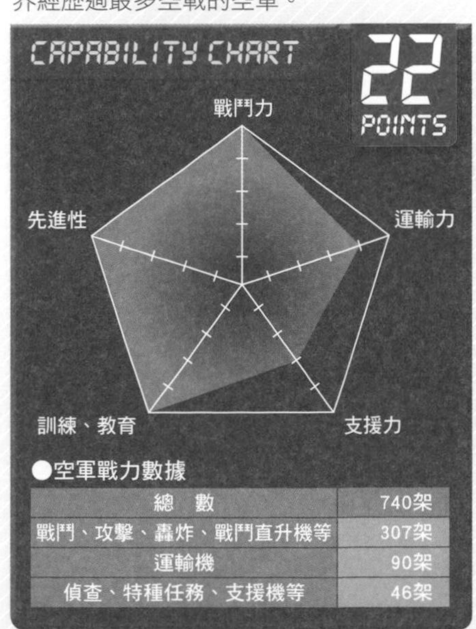

●空軍戰力數據

總　數	740架
戰鬥、攻擊、轟炸、戰鬥直升機等	307架
運輸機	90架
偵查、特種任務、支援機等	46架

空軍冷知識

以色列曾經在空戰中擊落真主黨的UAV，也曾經在1981年5月14日，透過UAV在空中的高機動性能，順利擊落敘利亞的MIG－21。

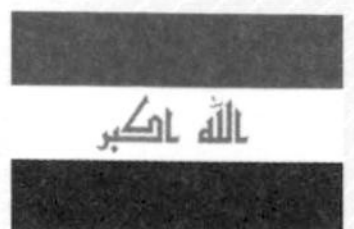

即將配備F－16IQ戰鬥機的新生空軍

伊拉克空軍

Iraqi Air Force

伊拉克空軍配置的9架C－208（照片中的戰機）中，有3架是可掛載地獄火反戰車飛彈的C－208砲艇型戰機。
照片來源：美國空軍

空軍冷知識

美國會提供F－16戰鬥機給伊拉克，就是因為美國不想再投注戰鬥力於伊拉克，此時美國已要求伊拉克要自己解決國內的恐怖分子問題。

在伊拉克戰爭中被摧毀的伊拉克空軍，在美國的主導之下重建新生空軍。目前配置具備紅外線照片機的小型飛機SBL－360與CH2000，主要用來警戒監視恐怖分子，還配置C－130E／J運輸機。2014年起，預定要配置伊拉克樣式的F－16C／D（Blk.52）戰鬥機——F－16IQ，預計至2018年為止要配置36架。

到第三次中東戰爭之前，伊拉克空軍配置約220架戰機的大規模空軍。伊拉克空軍在六日戰爭與贖罪日戰爭時，與以色列空軍交戰，到了兩伊戰爭開戰時，規模達到約350架。兩伊戰爭時派出MIG－25、MIG－29及幻象F1與伊朗的F－4E、F－14A及F－5E／F交戰。Tu－22轟炸機，主要則是轟炸伊朗國內。

波灣戰爭時，為了避免戰機遭到破壞，而讓137架戰機到伊朗避難。雖然被聯軍擊落44架戰機，但伊拉克空軍的MIG－23ML也擊落義大利空軍的Tornado，MIG－25則擊落美國海軍的F／A－18。

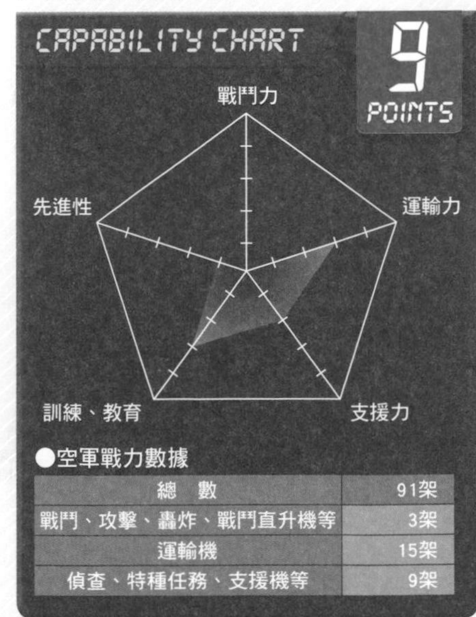

●空軍戰力數據

總　數	91架
戰鬥、攻擊、轟炸、戰鬥直升機等	3架
運輸機	15架
偵查、特種任務、支援機等	9架

掌握中東軍事平衡之關鍵的空軍

伊朗伊斯蘭共和國空軍

Islamic Republic of Iran Air Force

伊朗空軍配置79架的F－14A Tomcat戰鬥機，擊落了伊拉克的MIG－21、MIG－23、幻象F－1EQ、Su－22M－3K、MIG－25PD等戰鬥機，以及Tu－22B轟炸機等總計超過11種的戰機共33架（其中包含機種未確定的戰機12架）。

照片來源：柿谷哲也

伊朗在還是親美的巴列維國王時代，就配置了美國製的軍用機。在爆發伊朗革命，樹立反美政權後，則是在接受不到廠商與美國支援的狀況下，靠著國內的工業力維持戰機運作。

目前除了配置26架F－14A戰鬥機之外，可能還另外配置28架F－4E戰鬥機、30架F－5E／F戰鬥機與45架C－130E／H運輸機。爆發伊朗革命後，配置了從蘇聯購買的MIG－29B／UB戰鬥機；在波灣戰爭中，從伊拉克虜獲的Si－24MK戰鬥轟炸機與幻象F1戰鬥機，以及從中國輸入的成都殲－6戰鬥機、成都殲－7戰鬥機等戰機。

伊朗空軍在以往的戰爭中，累積許多空戰經驗，但使用的機體都已經比較老舊。伊朗除了國防部之外，還有革命衛隊航空宇宙軍（IRGCAF），這支部隊配置Su－25攻擊機、EMB312輕形攻擊機等85架戰機。革命衛隊的一個任務就是監視國防軍，藉此防止發動政變。

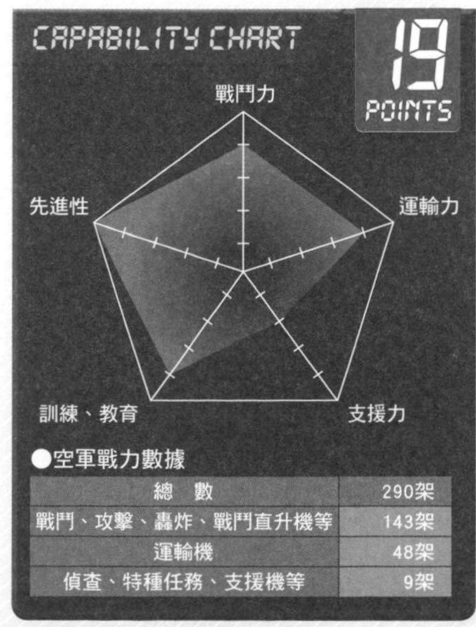

●空軍戰力數據

總　數	290架
戰鬥、攻擊、轟炸、戰鬥直升機等	143架
運輸機	48架
偵查、特種任務、支援機等	9架

空軍冷知識

伊朗空軍配備國內企業以F－5E戰鬥機為基礎研發的Saeqeh、azarakhsh及Saimogu戰鬥機。由此顯示，伊朗的航空工業能力很好。

Air Force Column

未獲得承認之國家的空軍

在亞洲西部，存在著未獲得國際承認的阿布哈茲共和國、
納戈爾諾・卡拉巴赫共和國與南奧塞提亞共和國，
這些國家都保有空軍戰力。

佔有喬治亞西部，主張是獨立國家

阿布哈茲空軍
Abkhazian Air Force

佔有喬治亞西部，主張是獨立國家的阿布哈茲共和國，在世界上只獲得7個國家承認。當喬治亞脫離蘇聯獨立時，因為繼承了留在自治區裡的蘇聯軍，而獲得包含Su－27戰鬥機在內的空軍戰力。雖然配置的實際數量不明，但除了Su－27之外可能配置幾十架Su－25攻擊機、MIG－21戰鬥機、L－39輕形攻擊機、Mi－24戰鬥直升機、An－2運輸機、Mi－8運輸直升機等戰機。

以規模250人的航空隊為核心

納戈爾諾・卡拉巴赫防衛軍
Nagorno-Karabakh Defense Army

位於亞美尼亞國內東部，雖然宣布獨立，但是在世界上只獲得3個國家承認的納戈爾諾・卡拉巴赫共和國，防衛軍中有規模250人的航空隊（或稱為「空軍」），當中配置2架Su－25攻擊機、5架Mi－24戰鬥直升機、5架Mi－8運輸直升機及4架被稱為Krunk的偵察用UAV。在空軍之外，還有配置防空飛彈的防空軍。

隸屬於規模1300人的共和國軍

南奧塞提亞共和國軍航空隊
South Ossetian Air Corps

在喬治亞北部與俄羅斯國境附近的地帶，存在著宣示獨立的南奧塞提共和國，在世界上僅獲得7個國家承認。政府內有規模1300人的南奧塞提亞共和國軍，這支軍隊配置4架Mi－8運輸直升機，用來執行部隊運輸與地面攻擊任務。

重視以俄羅斯製戰鬥機的防空能力

烏茲別克航空及防空軍

Uzbekistan Air and Air Defence Force

2005年時拍攝到的Su－24戰鬥轟炸機，這種以轟炸為任務的主力戰機，可能配置30架左右。　照片來源：美國國防部

空軍冷知識

在2001年的反恐戰爭中，美國注意到阿富汗的鄰國——烏茲別克。後來以支援運輸之名義駐紮部隊在烏茲別克，但實際上駐紮的是MC－130特種作戰機。

烏茲別克空軍，於1992年從俄羅斯空軍獨立出來。雖然主力戰機大多都是俄羅斯製的戰機，有30架Su－27戰鬥機、39架MIG－29戰鬥機、20架Su－25攻擊機等，但獨立後，努力的進行去俄羅斯化，並且為了協助反恐戰爭，而讓美國空軍駐紮到2005年11月為止，不過，後來烏茲別克與俄羅斯恢復友好關係。運輸機配置2架Il－76大型運輸機與4架An－24運輸機，跟陸軍的規模比起來，運輸機的數量明顯較少。烏茲別克對國防情報的公開很嚴格，因此難以獲得目前保有的配置等數據的正確資料。雖然周圍沒有與之為敵的國家，但是在空軍成立的1992年，當年所發生的塔吉克內戰中，曾經派出直升機（可能是Mi－24戰鬥直升機）攻擊反政府勢力，自此之後，空軍就再也沒有任何的戰鬥經驗。

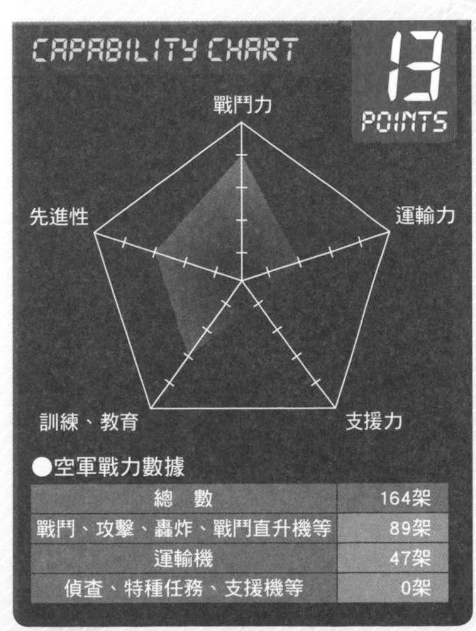

●空軍戰力數據

總　數	164架
戰鬥、攻擊、轟炸、戰鬥直升機等	89架
運輸機	47架
偵查、特種任務、支援機等	0架

繼承傳統的英國戰機，並下單訂購有歐洲戰機Eurofighter之稱的颱風戰機

阿曼空軍 Royal Air Force of Oman

阿曼空軍配置8架SEPECAT Jaguar攻擊機，另外還配置雙座型的B／T2。 照片來源：Petr Volek

空軍冷知識

雖然周邊沒有敵對勢力的國家，但是一直在提防與蓋達組織有關的恐怖分子，從西方的鄰國葉門流入國內。

阿曼空軍的歷史與英國有深切的關係，在1959年成立後，曾經輸入Scottish Aviation Pioneer教練機，並且配置BAC Strike Master攻擊機與Hawker Hunter戰鬥機等各種英國製戰機來提高戰力。

目前所使用的Jaguar戰鬥機，英國已經除役，全世界只剩下印度與阿曼還在使用。接下來預定要從英國輸入12架的Eurofighter Typhoon，這些戰機已經在2014年開始生產，預定於2017年開始移交。

目前的主力雖然是10架BAE Hawk203攻擊機與13架F－16C／D戰鬥機，但又訂購了12架新型的F－16C／D Blk.50，現有的戰機也將進行升級。

阿曼重視與位在格著荷姆茲海峽的伊朗的外交關係，因此對波斯灣空域的安全貢獻心力。

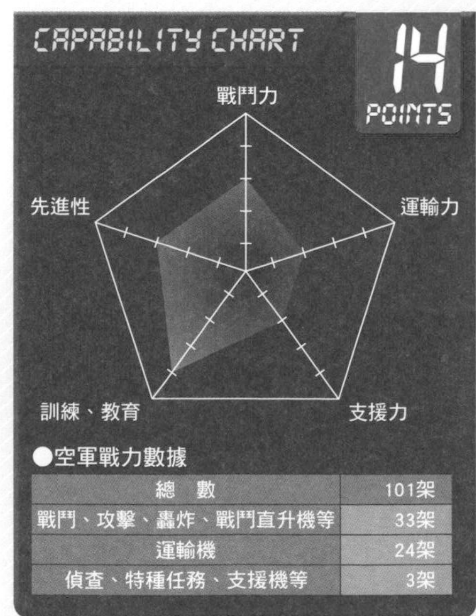

●空軍戰力數據

總　數	101架
戰鬥、攻擊、轟炸、戰鬥直升機等	33架
運輸機	24架
偵查、特種任務、支援機等	3架

保有防空戰鬥機MIG－31，重視防空能力的內陸空軍

哈薩克航空及防空軍

Kazakh Air and Air Defence Force

哈薩克是俄羅斯以外，唯一使用MIG－31戰鬥機的國家（註7）。最快速度為2.83馬赫，而且可掛載射程超過300公里的R－37遠程飛彈。 照片來源：柿谷哲也

哈薩克於1991年脫離蘇聯獨立，在CIS國家中，領土面積僅次於俄羅斯。因此哈薩克航空及防空軍，配置了30架從MIG－25防空戰鬥機發展出來，其防空能力更為優秀的MIG－31戰鬥機。除了俄羅斯以外，就只有哈薩克使用MIG－31（註7）。

戰鬥機都是使用蘇聯製的，配置的機種有39架MIG－29戰鬥機、12架MIG－27戰鬥機、14架Su－27戰鬥機等，教練機則是配置20架捷克製的L－39。

近年來所有配置的武器，都來自於與歐洲企業進行交易所獲得。空軍目前配置的EC－135通用直升機與EC－225運輸直升機，正是用來汰換原有的蘇聯製直升機。因製造這些直升機的Eurocopter公司（編註：歐洲直升機公司，於2014年1月2日更名為空中巴士直升機公司，Airbus Helicopter），就位在阿斯塔納機場（編註：哈薩克首都東南方的國際機場）旁，因此就在這裡建設維修中心。哈薩克陸軍的直升機，都登錄為空軍藉。

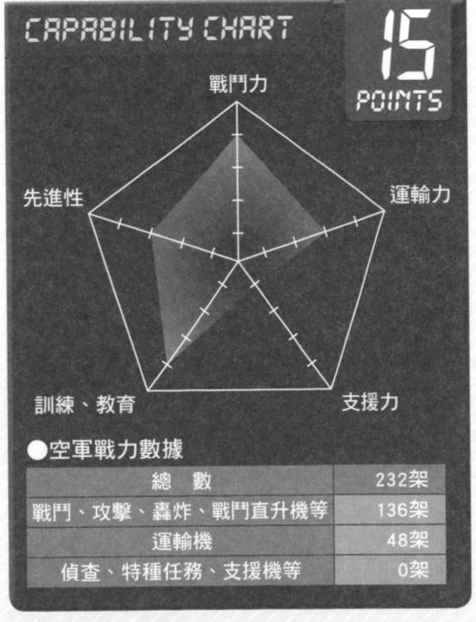

●空軍戰力數據

總　數	232架
戰鬥、攻擊、轟炸、戰鬥直升機等	136架
運輸機	48架
偵查、特種任務、支援機等	0架

空軍冷知識

哈薩克的空軍戰力長久以來都很神祕，但是從2010年開始，空軍戰機終於首次在國際航空展中公開展示，至2014年為止一共參展了三次。

參加利比亞戰爭的小國空軍

卡達空軍

Qatar Emiri Air Force

空軍冷知識

卡達是掌握中東和平關鍵的國家，近年來與伊朗維持友好關係，但與沙烏地阿拉伯的關係卻漸漸變差。

在利比亞戰爭中，掛載MICA雲母中程空對空飛彈（靠內側）與R.550魔術短程空對空飛彈出擊的幻象2000－5EDA。

照片來源：美國國防部

卡達空軍是在脫離英國獨立3年後的1974年成立，是近期才成立的空軍。當時配置英國空軍的中古Hawker Hunter來建立空軍的戰力基礎，現在又配置9架從法國購買的幻象2000－5EDA、3架2000－5DDA。

卡達國土面積相當於日本的秋田縣，國內有1個空軍基地，從基地往西飛行2分鐘，就會抵達沙烏地阿拉伯，往東飛行馬上抵達波斯灣，是個空域較狹窄的國家。

2011年因利比亞政變爆發，在由歐洲主導的利比亞戰爭中，卡達以伊斯蘭國家的身分與阿拉伯聯合大公國（UAE）一同參戰（卡達率先表明參戰）。

這次的利比亞作戰，就是卡達空軍史上第一次在國外執行的任務。當時派遣6架幻象2000－5EDA前往希臘的索達灣基地，實施護航執行地面攻擊任務之EU各國的戰機，並於利比亞外海防止利比亞戰機逃亡的任務。

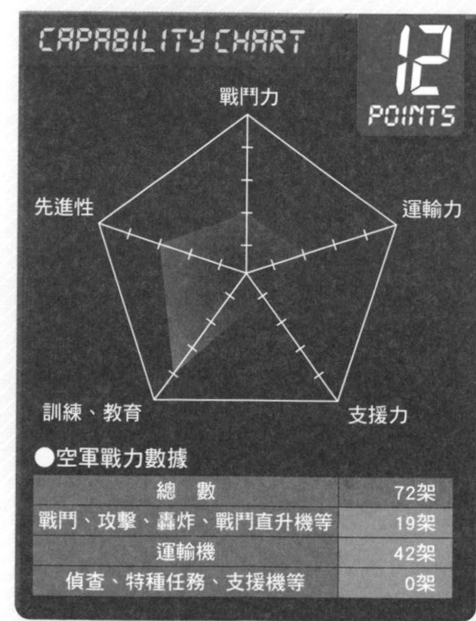

●空軍戰力數據

總　數	72架
戰鬥、攻擊、轟炸、戰鬥直升機等	19架
運輸機	42架
偵查、特種任務、支援機等	0架

以支援運輸陸軍部隊為主要任務的小規模空軍

吉爾吉斯空軍 Kyrgyztan Air Force

吉爾吉斯空軍至2010年左右，一共配置約30架MIG－21，但至2015年為止似乎都已經無法飛行。另外還配置了3架L－39攻擊・教練機，但並不清楚是作為教練機還是輕形攻擊機使用。配置的6架Mi－24戰鬥直升機，可能是吉爾吉斯空軍唯一的攻擊力。

運輸機除了An－26之外，據說還有不到10架An－12運輸機可運作。空軍戰力雖然著重在支援陸軍作戰，但近來擔綱主力的Mi－8運輸直升機，在找不到汰換機種的狀況下依然除役的這類狀況，讓吉爾吉斯空軍的未來令人擔憂。

可能是由吉爾吉斯空軍運用，但登錄為民間籍的An－12運輸機。
照片來源：Dmitriy Pichugin

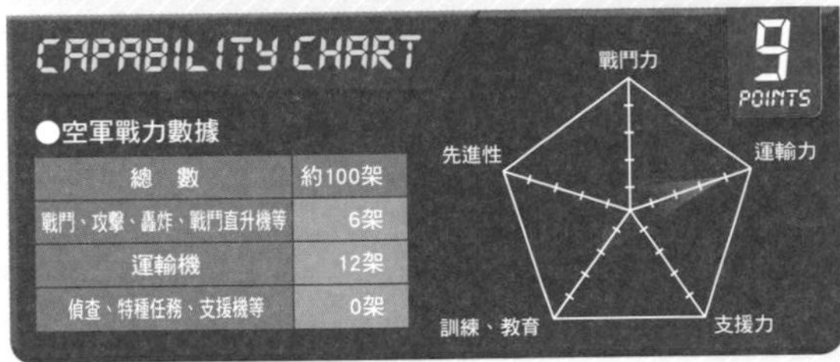

●空軍戰力數據

項目	數量
總　數	約100架
戰鬥、攻擊、轟炸、戰鬥直升機等	6架
運輸機	12架
偵查、特種任務、支援機等	0架

空軍冷知識：2001年12月以後，美軍為了實行反恐作戰，而駐紮在瑪納斯機場（位於吉爾吉斯首都的國際機場）。目前（2015年）運輸部隊，還駐紮在這個地方。

成為波灣戰爭等戰鬥的舞台

科威特空軍 Kuwait Air Force

科威特空軍於1953年成立之後，在六日戰爭、兩伊戰爭等周邊國家的戰爭之中，以被迫捲入的形式參戰。尤其在波灣戰爭時，遭到伊拉克入侵，科威特陸軍慘遭解散，但空軍戰機確保有機會前往阿拉伯避難。當時前往國外避難的A－4KU攻擊機，在之後的戰鬥中，就與聯軍戰機一起在波灣戰爭中反攻伊拉克。

戰爭結束後的1992年起，科威特空軍開始配置F／A－18C，目前戰力已經恢復到配置27架F／A－18C戰鬥攻擊機、7架F／A－18D戰鬥攻擊機與16架AH－64D戰鬥直升機。

威特空軍的F／A－18C戰鬥攻擊機，採用了獨特灰色系迷彩塗裝科。
照片來源：美國空軍

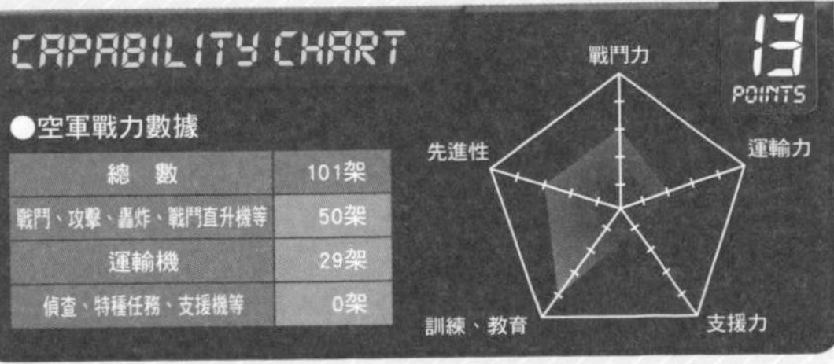

●空軍戰力數據

項目	數量
總　數	101架
戰鬥、攻擊、轟炸、戰鬥直升機等	50架
運輸機	29架
偵查、特種任務、支援機等	0架

空軍冷知識：科威特在波灣戰爭期間使用的A－4KU Skyhawk攻擊機，這些二手攻擊機後來由巴西海軍購買，並改名為AF－1 Falcon攻擊機作為航空母艦艦載機使用。

生產並輸出蘇愷Su－25，卻被購買這些Su－25的組織攻擊

喬治亞空軍

Georgian Air Force

主翼下掛載R－60短程空對空飛彈的喬治亞空軍Su－25UB。

照片來源：Marcus Fulber

空軍冷知識

位於喬治亞西部的阿布哈茲共和國，雖然是未獲得國際承認的國家，但事實上是個獨立的區域，這個阿布哈茲共和國擁有配置了數架Su－27戰鬥機與數架Su－25的空軍。

喬治亞空軍在1991年成立後，就繼承位於首都提比里斯，前蘇聯工廠所生產的蘇愷Su－25攻擊機，以其為攻擊主力用以維持空軍戰力。

2008年，喬治亞空軍以Su－25攻擊機，轟炸主張從國內獨立的南奧塞提亞地區反政府勢力，但同樣主張獨立的阿布哈茲也派出Su－25轟炸喬治亞，因而演變成喬治亞被國內生產的攻擊機攻擊的諷刺狀況。

後來俄羅斯以運輸機實施空降作戰，將陸軍部隊投入喬治亞，導致兩國陷入激戰。雖然現在俄羅斯已經撤軍，但兩國還是處於緊張狀態。喬治亞計畫加盟NATO，將來很有可能會增加歐美製裝備的數量。目前喬治亞空軍配置11架Su－25、7架Mi－24戰鬥直升機與2架An－28運輸機。

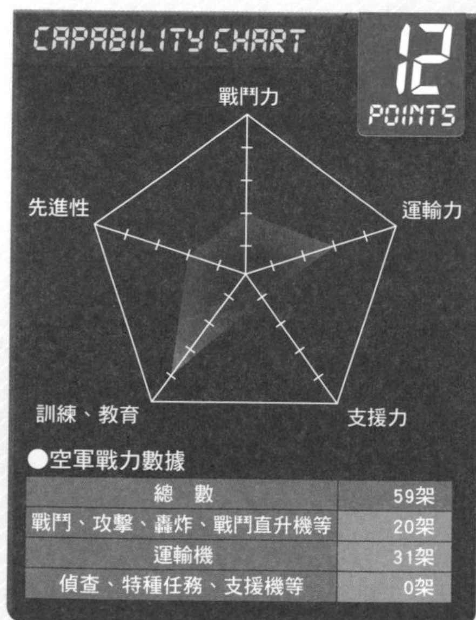

●空軍戰力數據

項目	數量
總　數	59架
戰鬥、攻擊、轟炸、戰鬥直升機等	20架
運輸機	31架
偵查、特種任務、支援機等	0架

配置約300架戰鬥機與攻擊機，保有阿拉伯國家中最強大的空軍戰力

沙烏地阿拉伯空軍 Royal Saudi Air Force

沙烏地阿拉伯空軍的F－15C：在辨別度低的國籍標誌下方，以阿拉伯文寫上「沙烏地阿拉伯空軍」。

照片來源：田口恭久

空軍冷知識

波灣戰爭期間，從伊拉克發射的海珊飛彈（飛毛腿飛彈的改造型），是由不同於空軍組織的沙烏地阿拉伯防空部隊進行攔截。

沙烏地阿拉伯空軍是個光戰鬥機與攻擊機部隊，就有高達14個飛行隊的大規模空軍。

目前配置149架的F－15C／D戰鬥機、F－15S與F－15SA戰鬥轟炸機（另外又再訂購了84架）、82架Tornado IDS攻擊機、18架EF2000F.2與雙座型T.3A戰鬥機（另外又再訂購了42架）。此外還配置5架用來管制攻擊作戰的E－3A預警管制機，並且增訂了SAAB200AEW預警管制機。

雖然在中東戰爭中，空軍只支援運輸任務，但是戰鬥機部隊在兩伊戰爭期間的1984年6月5號當日，以AIM－7麻雀空對空飛彈擊落2架正在攻擊油輪的伊朗空軍F－4E。

在波灣戰爭期間，立下2架F－15C以AIM－9響尾蛇空對空飛彈擊落伊拉克空軍幻象F1等之戰果，並且出動戰鬥機執行地面攻擊任務。

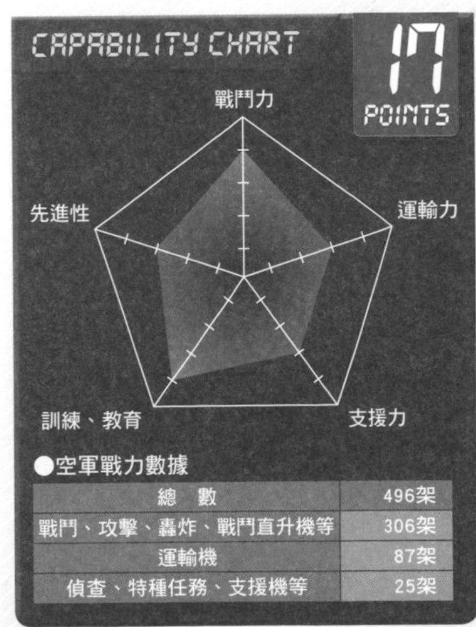

●空軍戰力數據

項目	數量
總　數	496架
戰鬥、攻擊、轟炸、戰鬥直升機等	306架
運輸機	87架
偵查、特種任務、支援機等	25架

因內戰關係，目前還在持續對國內進行轟炸

敘利亞空軍

Syrian Air Force

敘利亞空軍的MIG－23戰鬥攻擊機。 照片來源：敘利亞軍

空軍冷知識

在日本與美國，F－15被認為是從來沒有被擊落過的戰鬥機，但敘利亞主張1982年時，曾經擊落3架以色列的F－15。

敘利亞空軍自1948年成立以來，就在六日戰爭、贖罪日戰爭、黎巴嫩戰爭中，與以色列空軍戰機進行過數百次的空戰。雖然在每一場戰爭中，都是由以色列佔優勢，但敘利亞也曾擊落了幾十架敵機。

除此之外，敘利亞空軍也曾與美國海軍的F－14戰鬥機進行過空戰，因此戰鬥經驗豐富。在目前還持續進行的敘利亞內戰中，空軍除了對反政府勢力進行轟炸外，還在近期的2014年3月發生2架入侵土耳其領空的MIG－23，遭土耳其空軍的F－16以飛彈擊落的事件，導致該地區陷入極度緊張的狀態。

雖然目前不確定戰機配置的數量，但據說一共配置了48架MIG－29戰鬥機、145架MIG－23戰鬥機、217架MIG－21戰鬥機、50架Su－22戰鬥機與50架Su－25攻擊機。空軍的配置中幾乎沒有運輸機，登錄為民間籍的Il－76運輸機等戰機，就成為運輸陸軍部隊的主要工具。

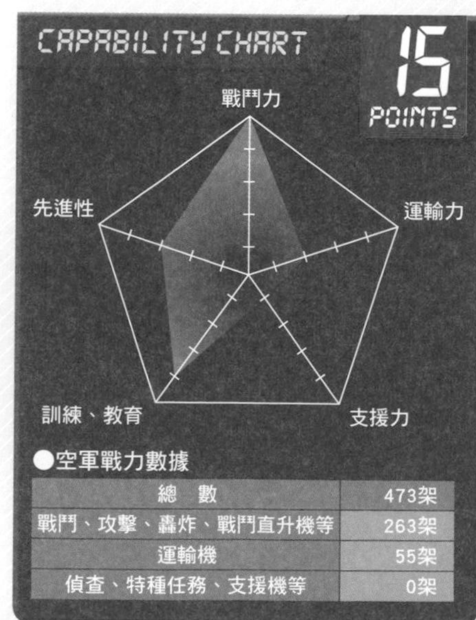

●空軍戰力數據

項目	數量
總　數	473架
戰鬥、攻擊、轟炸、戰鬥直升機等	263架
運輸機	55架
偵查、特種任務、支援機等	0架

成立於2006年，在印度的支援下強化空軍戰力

塔吉克空軍 Tajikistan Air Force

雖然塔吉克是位於阿富汗北方的要衝，但卻是只配置了4架Mi－24戰鬥直升機、14架Mi－8運輸直升機與4架L－19輕形攻擊．教練機的小規模空軍。在獨立之後的1992年起，延續了5年的塔吉克內戰中，運輸直升機部隊參與了運輸及地面攻擊任務。

在印度的支援之下，建立於首都附近的艾尼（Ayni）空軍基地，由塔吉克、俄羅斯與印度三國輪流進行指揮統御，俄羅斯與印度的戰鬥機也曾經駐紮在這裡，而印度另外提供8架Mi－8給塔吉克使用。

塔吉克空軍的Mi－8：垂直尾翼的國旗與國籍標誌，似乎都已經改為紅星。 照片來源：Theodore Kaye

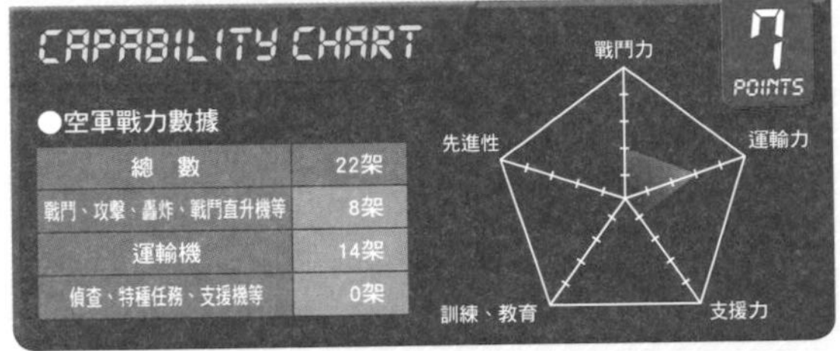

CAPABILITY CHART

7 POINTS

●空軍戰力數據

項目	數量
總　數	22架
戰鬥、攻擊、轟炸、戰鬥直升機等	8架
運輸機	14架
偵查、特種任務、支援機等	0架

空軍冷知識

印度會協助塔吉克，是因為想要牽制與印度之間因喀什米爾問題對立的巴基斯坦。

徹底保祕主義，空軍的概要也不明

土庫曼空軍及防空軍 Turkmen Air Force and Air Defense Force

土庫曼空軍成立於獨立後的1992年，以蘇聯空軍部隊為主體，繼承了190架以上的MIG－29、MIG－23戰鬥機與Sy－25攻擊機。大多數的戰機到2000年底前，都已經無法運作，在2000年底左右，配置24架蘇聯時代的MIG－29戰鬥機與24架Su－25攻擊機，據說MIG－23與Su－17正在減少，但目前完全得不到實際配置數量的情報。戰鬥機．攻擊機應該配置50至100架左右，另外還配置幾架Mi－24戰鬥直升機。MIG的維修工作在烏克蘭進行，Su－25的維修工作則在喬治亞的工廠進行。

土庫曼空軍的Su－25攻擊機。
照片來源：Max Bryansky－Russian AviaPhoto Team

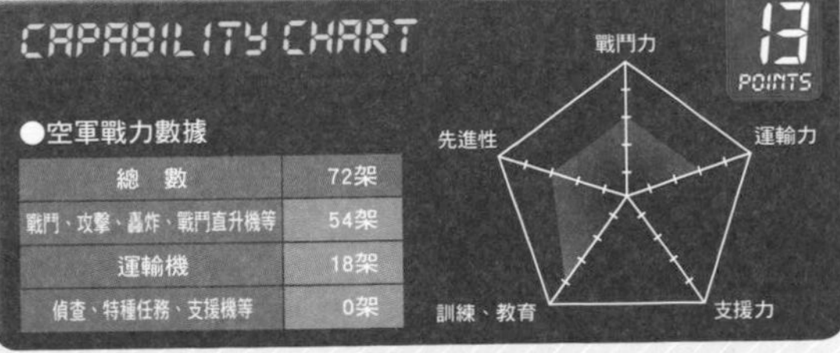

CAPABILITY CHART

13 POINTS

●空軍戰力數據

項目	數量
總　數	72架
戰鬥、攻擊、轟炸、戰鬥直升機等	54架
運輸機	18架
偵查、特種任務、支援機等	0架

空軍冷知識

國內各地曾經發生過恐怖攻擊，據說恐怖分子組織是從南方鄰國的阿富汗進入國內。

不論是質與量，都是西亞&中東地區中最平均的空軍

土耳其空軍

Turkish Air Force

空軍冷知識

近年來強化無人航空載具UAV，已經從美國與以色列購買30架以上。最近還研發國產的UAV，預定會配置30架。

土耳其空軍配置全世界最多的F－4E戰鬥機。

照片來源：柿谷哲也

土耳其空軍的歷史悠久，成立於1911年。在1952年加盟NATO後，就因為賽普勒斯問題與離島領有權的問題，和同樣是NATO加盟國的希臘關係不佳，雙方都使用F－4與F－16戰鬥機來牽制對方。此外土耳其與敘利亞之間也有領土問題，卻因2013年時土耳其的RF－4E遭敘利亞的防空砲擊落，隔年2014年時土耳其的F－16也擊落敘利亞的MIG－23，因此使雙方關係急速惡化。土耳其除了會參加NATO的作戰之外，也會協助美國主導的作戰。

土耳其空軍也會獨自執行作戰，如2011年時，就在伊拉克國境對庫德族武裝勢力實施地面攻擊。主力是179架F－16C、65架F－4E，目前正在努力購得10架F－16C Blk.50型與116架F－35A戰鬥機。運輸機主力是15架C－130H，另外除了配置43架CN235外，還預定購買A400M運輸機，也預備配置4架E－737預警管制機。

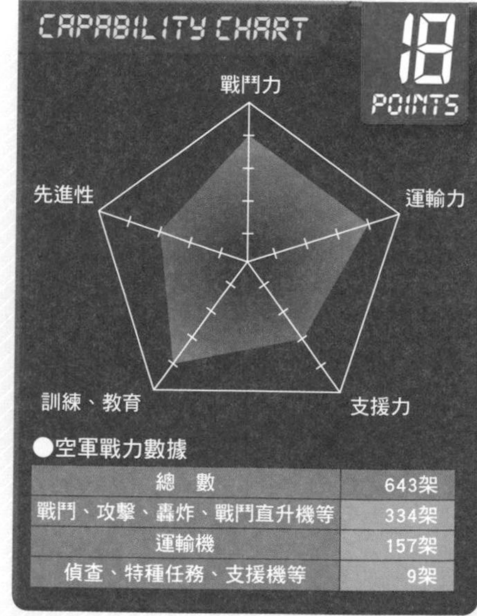

●空軍戰力數據

總　數	643架
戰鬥、攻擊、轟炸、戰鬥直升機等	334架
運輸機	157架
偵查、特種任務、支援機等	9架

因正在選擇新一代主力戰鬥機，而受到矚目的空軍

巴林空軍

Royal Bahraini Air Force

2架標誌不同的巴林空軍F－16C戰鬥機。　照片來源：Andreas Zeitler－Flying－Wings

巴林空軍是1977年時，在美國的支援之下成立的小規模空軍。目前配置8架F－5E戰鬥機、4架F－5F戰鬥機、17架F－16C戰鬥機、4架F－16D戰鬥機與16架AH－1E戰鬥直升機。

巴林空軍列出來的新一代戰鬥機候補有Eurofighter Typhoon、JAS39 Gripen、Dassault Rafalem與F－35 Lightning II。另外AH－1E的後繼候補機種則是選出AH－64 Apache與Eurocopter Tiger等。

在波灣戰爭期間，科威特空軍的戰機來到巴林國內的空軍基地避難，因此巴林就協助科威特重建空軍。巴林空軍為了防備伊拉克戰鬥機入侵，而派出F－5與F－16執行防空警戒任務，但是並沒有參與空戰或地面攻擊。

目前經常與美國空軍及周邊國家一起訓練，肩負起成為波斯灣各國安全中心的重責大任。

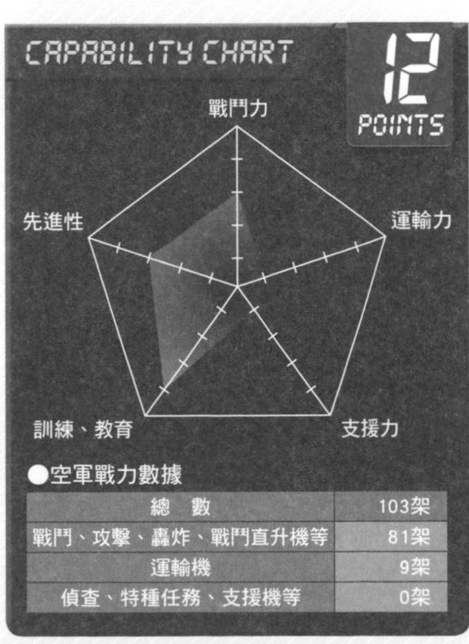

●空軍戰力數據

項目	數量
總　數	103架
戰鬥、攻擊、轟炸、戰鬥直升機等	81架
運輸機	9架
偵查、特種任務、支援機等	0架

空軍冷知識

因美國海軍第5艦隊就駐紮在巴林的關係，所以與美軍的關係深厚，巴林空軍的戰機與美國海軍航空母艦的艦載機，也會在波斯灣上空進行共同訓練。

與同盟國・中國一起對抗印度的強國

巴基斯坦空軍

Pakistan Air Force

空軍冷知識

1961年巴基斯坦空軍攻擊印度基地時，從C－130運輸機的貨艙投下固定在棧板上的炸彈，成為全世界第一個運用C－130進行轟炸的國家。

巴基斯坦的航空複合企業與成都飛機工業集團，共同開發的JF－17 Thunder戰鬥機，速度達到1.8馬赫。

照片來源：柿谷哲也

巴基斯坦空軍在該地區的戰力強大，光戰鬥機就配置就超過400架。巴基斯坦與印度長年以來因為領土問題，導致兩國關係緊張，因此巴基斯坦就和同樣跟印度敵對的中國強化彼此的外交關係，並且進一步從中國輸入武器。

主力是142架成都殲－7戰鬥機、63架F－16A／B／C／D戰鬥機、69架幻象III EP／OP／RP戰鬥機，近年來開始配置與成都飛機工業集團共同研發的JF－17戰鬥機，目前已配置30架，將來預定要再配置120架。在多次與印度交戰的過程中，累積了豐富的空戰與地面攻擊經驗，更努力研究會讓戰鬥機性能降低的高高度山岳地帶的空戰技術。

巴基斯坦在六日戰爭、贖罪日戰爭等戰爭爆發時，以協助阿拉伯國家的方式派遣飛行員參戰，當時這些飛行員駕駛各國戰機擊落了以色列戰機。

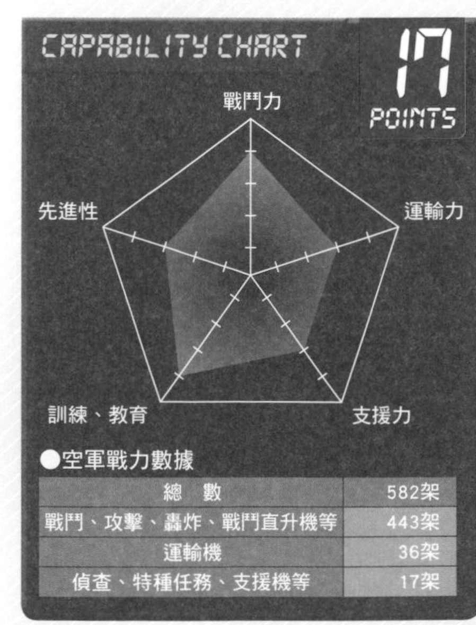

●空軍戰力數據

項目	數量
總　數	582架
戰鬥、攻擊、轟炸、戰鬥直升機等	443架
運輸機	36架
偵查、特種任務、支援機等	17架

計畫配置反恐作戰用的砲艇機

約旦空軍 Royal Jordanian Air Force

自1955年成立以來，配置Hawker Hunter戰鬥機與F－104A戰鬥機，在六日戰爭等戰爭中，經歷與以色列戰機爆發的空戰。最近則是在2011年參加利比亞戰爭，將F－16AM派遣到義大利，與美國空軍戰機一起執行警戒監視任務。

目前配置38架F－5E／F戰鬥機與62架F－16A／B戰鬥機。另外還計畫配置2架將CN－235運輸機改造成攻擊機的砲艇機，這是要用來對付從伊拉克流入的恐怖分子組織。空軍擁有的直升機運輸能力很好，可有效支援陸軍執行的特種作戰。

身為約旦空軍主力的F－16AM戰鬥機，這些戰鬥機參加了利比亞戰爭。
照片來源：美國空軍

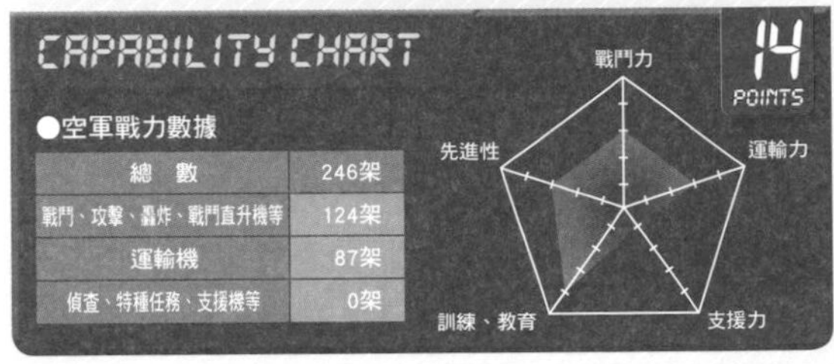

CAPABILITY CHART

14 POINTS

●空軍戰力數據

總　數	246架
戰鬥、攻擊、轟炸、戰鬥直升機等	124架
運輸機	87架
偵查、特種任務、支援機等	0架

空軍冷知識

在六日戰爭爆發前，配置了當時速度達到2馬赫的最新型戰鬥機F－104，但據說因飛行員正在美國進行訓練，因此無法參加實戰。

世界上唯一仍使用Hunter戰鬥機的最後一個空軍

黎巴嫩空軍 Lebanese Air Force

1949年成立的黎巴嫩空軍，在六日戰爭等戰爭中，以Hawker Hunter戰鬥機與以色列戰機展開空戰，並且創下成功擊落敵機的戰果。目前還配置4架Hunter，於是黎巴嫩就成為了一個總共生產1972架，並獲得全世界23個國家採用，且最後仍使用Hunter戰鬥機的國家。以前曾經配置50架以上的戰鬥機，現在都已經不存在，目前除了Hunter之外，只配置3架為了進行反恐，而將Cessna 208 Caravan通用機改造成攻擊機的AC－208攻擊機。目前配置超過60架的直升機，但可運作的據說只有40架左右。

將Cessna 208改造成可掛載地獄火反戰車飛彈的AC－208 Combat Caravan。
照片來源：EPA＝時事

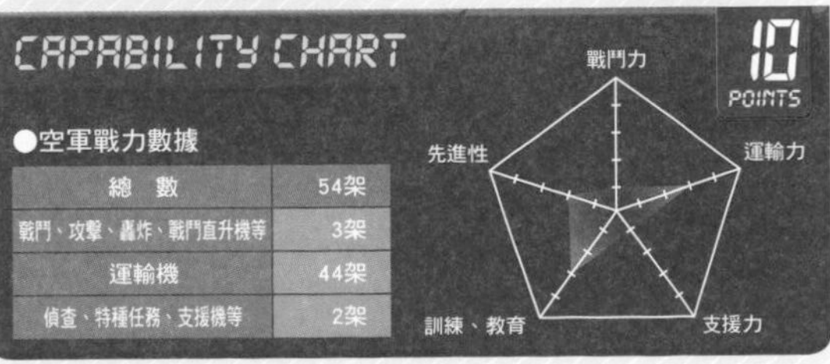

CAPABILITY CHART

10 POINTS

●空軍戰力數據

總　數	54架
戰鬥、攻擊、轟炸、戰鬥直升機等	3架
運輸機	44架
偵查、特種任務、支援機等	2架

空軍冷知識

許多的小規模空軍，直升機的駕駛訓練都仰賴民間或國外的機構，但約旦是使用隸屬於軍方的Robinson R44進行初級教育訓練。

從空軍的歷史，來探討空軍戰力的威脅

改變世界歷史的軍機U－2

如果問日本人「哪一架軍機給歷史帶來最大的影響？」，大多數的人應該都會回答「B－29轟炸機」。B－29轟炸機曾經進行過東京大轟炸等大規模轟炸，而且在廣島與長崎投下無差別大規模破壞武器——原子彈，因此會有這種答案是理所當然的。美國政府也了解到投下原子彈的B－29所具有的影響力，所以將當天執行任務的「艾諾拉・蓋號轟炸機Enola Gay」（正式型號為B—29—45—MO），展示於史密森尼Smithsonian 博物館（別館）。Enola Gay絕對是大大的改變日本歷史的一架軍機，但B－29並不足以改變世界的歷史。

大多數人應該都聽過U－2這架軍機的名字，U－2是洛克希德公司以CIA的資金研發的戰略偵察機。引發最有可能讓地球滅亡之第三次世界大戰爆發的原因，卻又在戰爭即將爆發之前成功的阻止戰爭，讓地球免於遭到滅亡的軍機就是U－2，這型號的軍機就是兩度直接與地球存亡扯上關係的軍機。

遭蘇聯擊落的U－2引發冷戰

第1起事件起因於隸屬CIA的U－2戰鬥機，在蘇聯國內遭到擊落。在共產黨節慶日的1960年5月1日這一天，CIA旗下的U－2（機體編號360）從白沙瓦基地起飛入侵蘇聯，正在同溫層進行照片偵察飛行時，遭到蘇聯的防空飛彈擊落。駕駛這架偵察機的飛行員——法蘭西斯・蓋瑞・鮑爾斯跳傘逃生，成功的活下來後並沒有使用毒針自殺，而遭到蘇聯逮捕，並承認自己是在進行間諜活動。

沒有想到飛行員會遭逮捕的美國，隨即謊稱是因為氣象觀測機失蹤，才派飛行員前去查看，而導致當時蘇聯的赫魯雪夫首相，取消即將在2星期後召開的美蘇高峰會。從此之後，世界就進入了長達40年的冷戰時期。

雖然冷戰並不是因為U－2遭到擊落而直接引發，但因當時正好是美蘇兩國的緊張關係漸漸緩和的重要時期，因此遭到取消的美蘇高峰會議，在當時是被期待對帶來和平有相當大的成效。如果如期召開，或許就不會造成冷戰時代來臨。

這起跟U－2相關的事件，被媒體大篇幅的報導。其實在這起事件的3年前，也就是1957年2月左右開始，U－2就已經以NACA（現在的NASA的前身）的名義，駐紮在日本的厚木基地。這件事情被航空迷發現，後來大眾便得知在蘇聯被擊落的那架U－2，跟駐紮在厚木基地一模一樣的U－2飛機，並不是NACA所謂

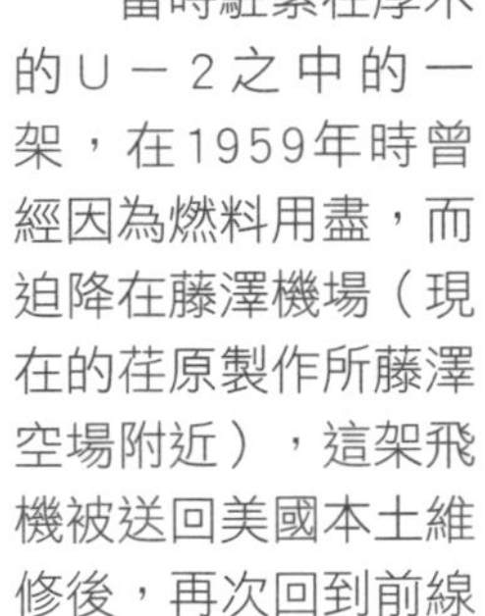

的氣象觀測機，而是CIA的間諜機，因此在日本國會引發熱烈的討論。

當時駐紮在厚木的U－2之中的一架，在1959年時曾經因為燃料用盡，而迫降在藤澤機場（現在的荏原製作所藤澤空場附近），這架飛機被送回美國本土維修後，再次回到前線執行任務，也就是同一型號且在蘇聯上空被擊落，那架機體編號為360號的U－2。

洛克希德U－2A偵察機。　照片來源：美國國防部

U－2與古巴危機 有深切關係

與U－2有關的另一個歷史事件，就是古巴危機。在柏林圍牆被建立，美國與蘇聯的關係越來越緊張的1962年，蘇聯以貨船祕密的將彈道飛彈運到美國眼前的古巴，並且隱藏起來，當時發現這些飛彈的就是U－2偵察機。

當時的美國總統甘乃迪要求蘇聯撤走這些飛彈，但蘇聯卻謊稱這些飛彈是防空飛彈，於是美國就將U－2偵察機所拍到的照片作為決定性的證據，並且藉此在國際社會上公開譴責蘇聯。10月26日，美軍史上第一次將戰備狀態提升到二級，掛載核子武器的B－52轟炸機已經在空中待命，其他的布署也已經準備完成，美軍已經做好了發動核子戰爭的準備。

就在美國上下都陷入一片緊張的狀況之中，繼續進行偵察的U－2在10月27日遭地對空飛彈擊落，於是美國開始攻擊位於古巴的蘇聯潛艦。據說，這時候全世界的所有人都已經做好核子戰爭爆發的心理準備。但就在隔天，赫魯雪夫共產黨第一書記認為再這樣下去真的會爆發核子戰爭，於是就發表從古巴撤走彈道飛彈的聲明，讓人類滅亡的核子戰爭危機就這樣結束了。據說是因為U－2拍攝到的照片揭穿蘇聯的「謊言」，最後讓蘇聯決定撤走飛彈。

世界戰鬥機研發 進入第五代

U－2偵察機同時經歷這兩件事，在航空史上與軍事史上，真的都是非常稀有的例子，但，如果剖析空軍歷史，就能發現每個世代都有代表該時代的軍機。

噴射戰鬥機的時代，是由第二次

世界大戰中登場的Messerschmitt Me－262拉開序幕。以Me－262為基礎開發的中島飛行機J9Y橘花，雖然來不及參加實戰，但是對日本人來說，是值得記住的一架戰機。

最早期的噴射戰鬥機被稱為「第一代噴射戰鬥機」，當中的MIG－15與F－86等戰鬥機，就是美、蘇兩大國所使用，且於歷史上留名的戰鬥機。

為了追求在空戰中獲勝所需要的速度的「第二代噴射鬥機」，就是以超音速為目標，代表這個世代的戰鬥機的初期型MIG－21與幻象III，目前都還有國家在使用。日本的三菱F－1戰鬥機就是這世代的第二代戰鬥機之一；「第三代噴射戰鬥機」就被細分為防空用、攻擊用、偵察用。MIG－25是第一架速度超越3馬赫的戰鬥機，在防空方面非常活躍。F－4雖然被稱為戰鬥機，本身卻是一種能夠掛載大量炸彈的戰鬥轟炸機。這個世代的戰鬥機，被大量的使用在中東戰爭等戰爭的空戰中，因此大大的影響到未來戰鬥機研發工作。

現在許多國家使用的「第四代噴射戰鬥機」，主要是重視敏捷性，渦輪風扇引擎裝有後燃器，而且因為IT技術的進化，電子儀器變得比以前更為進步。F－16與Su－27就可說是這世代戰鬥機的代表。另外戰鬥機製造商以外的企業，則是變成可以透過在第三代戰鬥機上搭載高性能電子儀器的方式，來延長戰鬥機的壽命；「第4.5代噴射戰鬥機」的研發主流，則是將以前性能被細分化的機種，變成能夠執行任何任務的多功能戰機，由於這是位於上一代戰機與下一代戰機之間的戰機，所以被分類為「第4.5代」，日本的三菱F－2支援戰鬥機，就是第4.5代戰機。

F－22的登場，就讓戰鬥機研發的時代進入「第五代」，這種世代的戰鬥機重視隱形性能，雖然使用了高性能偵測器與最佳的雷達性能等目前最新的技術，但研發成功的只有F－22與F－35。雖然F－22已經結束生產，也沒有輸出給其他國家，但F－35除了美國之外，卻也獲得日本等9個國家採用。

照片來源：南非空軍

Section5

全球164國空軍戰力完整絕密收錄

非洲

配置蘇愷Su－30MKA，並持續增強戰力

阿爾及利亞空軍

Algerian Air Force

阿爾及利亞空軍的Su－30MKA：除了有使用灰色單色迷彩機體外，還有使用以灰色系為主的雙色迷彩機體。

照片來源：Ardastos

空軍冷知識

阿爾及利亞空軍所配置的Su－30MKA型號，當中的MKA三個字是針對阿爾及利亞的名稱縮寫。這是配備法國企業製造的彩色液晶螢幕、VEH3000HUD、慣性導航裝置、GPS等裝備進行升級的戰機。

2000年代，一口氣將配置的戰機近代化，這時候配置MIG－29戰鬥機（目前配置34架）與Su－24MK戰鬥機（目前配置24架），將包含MIG－21戰鬥機在內的老式戰鬥機全數汰換掉。另外，還從烏克蘭購買20架MIG－25戰鬥機（目前可能配置14架左右），並配置有28架Su－30MKA戰鬥機，除此之外還額外再訂購了16架。據說，未來還計畫配置成都JF－17戰鬥機。這些戰鬥機，可以由Il－76空中加油機支援作戰。

運輸力也非常強大，一共配置了16架C－130H運輸機、13架Il－76運輸機等超過50架的運輸機，並配置100架以上的Mi－8系運輸戰鬥機。雖然阿爾及利亞位於非洲，但是為了支援埃及與阿拉伯國家，曾經參與在中東爆發的三場戰爭——六日戰爭、消耗戰爭與贖罪日戰爭。當時派遣配置有MIG－17、MIG－21與Su－7的4個飛行隊前往埃及，執行開羅的防空任務與攻擊以色列國內的轟炸任務。

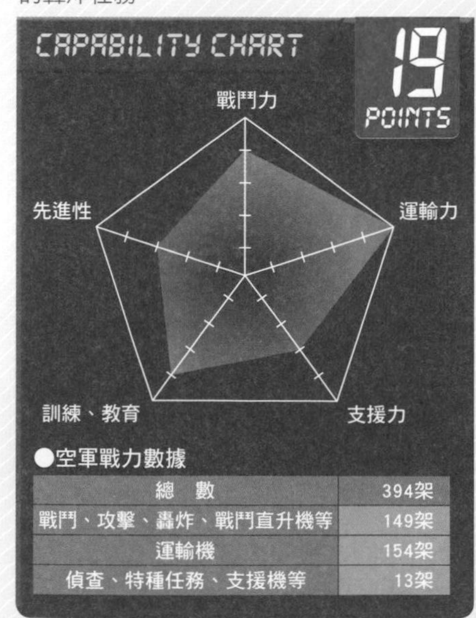

●空軍戰力數據

總　數	394架
戰鬥、攻擊、轟炸、戰鬥直升機等	149架
運輸機	154架
偵查、特種任務、支援機等	13架

將戰鬥主力的第三代戰機，汰換成第四代戰鬥機

安哥拉國民空軍 National Air Force of Angola

安哥拉空軍，於安哥拉脫離葡萄牙獨立的1975年翌年成立，成立時配置MIG－15UTI戰鬥機與MIG－17F戰鬥機，後來在配置MIG－21戰鬥機的同時，就雇用羅馬尼亞空軍的教官來提升戰力。

目前的主力雖然還是24架MIG－21MU／U與22架MIG－23ML戰鬥機，但也有再增加7架Su－27S／UB戰鬥機的配置，並計畫在2015年時，配置6架印度空軍曾配置的Su－30。在80年代與南非爆發的國境戰爭中，當時至少有2架MIG－21，在空戰中遭到南非空軍的幻象F1擊落。

安哥拉配置MIG－21的當時，將4個飛行隊安排在不同的4個基地，目前則是集中在盧班戈基地，似乎還會派遣到各地。
照片來源：Chris Lofting

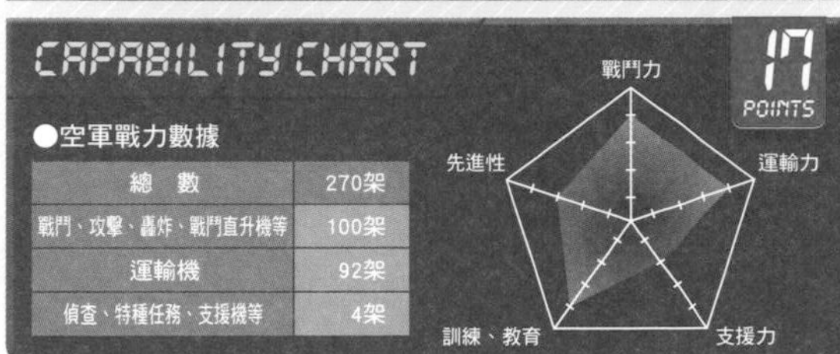

●空軍戰力數據

總　數	270架
戰鬥、攻擊、轟炸、戰鬥直升機等	100架
運輸機	92架
偵查、特種任務、支援機等	4架

空軍冷知識

印度從1997年起配置超過100架Su－30，後來購買149架全新的Su－30，但必須將初期配置的18架歸還俄羅斯，而其中的6架則由安哥拉買下。

內戰仍然持續，並配置最新型蘇愷戰鬥機

烏干達人民國防軍航空團 Uganda People's Defence Force Air Wing

烏干達從70年代初期，內戰就斷斷續續的爆發，國防軍一直在掃蕩陸續出現的反政府勢力。面對出現於80年代後半的反政府軍——「烏干達人民民主軍（UPDA）」與「真主反抗軍（LRA）」時，政府軍派出從白俄羅斯與俄羅斯購買的Mi－24戰鬥直升機實施攻擊。

配置超過30架的MIG－21戰鬥機，當中的7架最近在IAI將性能提升為MIG－21－2000樣式。另外，從2011年開始配置6架最新的Su－30Mk2，航空戰力因此而獲得強化。

烏干達空軍的Su－30Mk2戰鬥機：這是一種能夠執行防空任務與地面攻擊任務的多用途戰鬥機。
照片來源：柿谷哲也

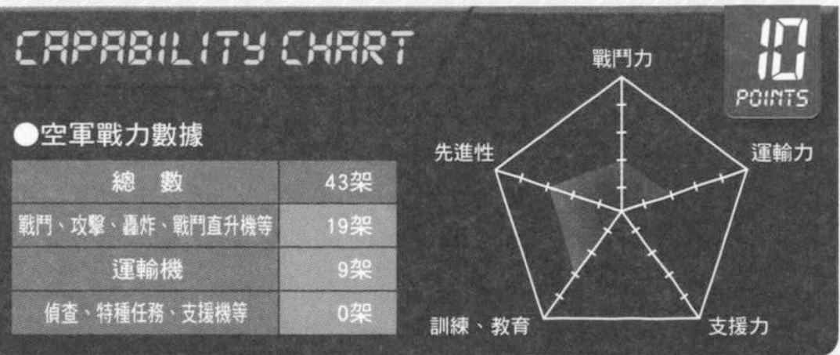

●空軍戰力數據

總　數	43架
戰鬥、攻擊、轟炸、戰鬥直升機等	19架
運輸機	9架
偵查、特種任務、支援機等	0架

空軍冷知識

雖然也配置了12架Mi－24P與Mi－24PN戰鬥直升機，但目前可能只剩下1架。

配置500架戰鬥機，非洲規模最大的空軍

埃及空軍

Egyptian Air Force

埃及空軍的F－16D戰鬥機。 照片來源：美國空軍

空軍冷知識

在1973年10月14日的蒙索拉空戰中，埃及派出62架MIG－21迎戰正在接近的160架以色列戰機。戰後，埃及公布的空戰戰果為擊落17架敵方飛機，本身則是損失6架。

埃及空軍在1930年成立之後，就參加了第二次世界大戰、阿拉伯・以色列戰爭、蘇伊士運河危機、葉門內戰、六日戰爭、消耗戰爭、贖罪日戰爭、蒙索拉空戰等在中東爆發的戰爭。因為這個關係，埃及的空軍戰力一直在增強，現在已經成為非洲規模最大的空軍。目前配置240架F－16A／B／C／D戰鬥機（其中46架為土耳其製的F－16）、76架幻象V戰鬥機（包含偵察型）、58架裝載西方國家電子儀器的MIG－21戰鬥機等500架各種戰鬥機。用來進行管制用的8架E－2C預警管制機，也將要進行改良成為Hawkeye2000型的機型。戰鬥直升機則配置36架AH－64D，預定另外再加購10架。

但是因受到國內政變的影響，美國實施停止輸出20架F－15C／D Blk.52型等戰機給埃及的措施。另一方面，埃及卻成功從俄羅斯購買了24架MIG－29戰鬥機，並計劃再購買成都JF－17戰鬥機。

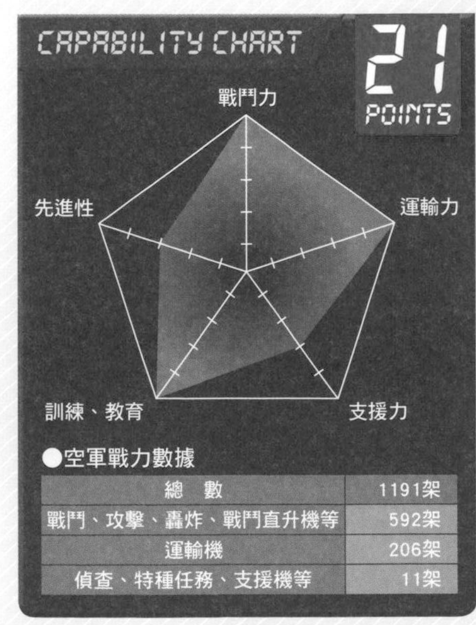

●空軍戰力數據

總　數	1191架
戰鬥、攻擊、轟炸、戰鬥直升機等	592架
運輸機	206架
偵查、特種任務、支援機等	11架

協同非洲聯盟持續參與，因索馬利亞內戰引起的戰爭

衣索匹亞空軍

Ethiopian Air Force

衣索匹亞空軍的Su－27戰鬥機。　照片來源：節錄自daniboy8935的網頁

空軍冷知識

在1977年的索馬利亞戰爭中，雖然1架F－5E戰鬥機擊落（並破壞）了6架MIG戰鬥機，但這架戰鬥機也被防空砲擊落，而且飛行員遭到俘虜並且死在監獄中。

因鄰國索馬利亞空軍，受蘇聯支援而建立空軍戰力，於是除了美國提供F－86等戰鬥機給衣索匹亞空軍外，衣索匹亞空軍還從英國購買Canberra轟炸機。在1977年6月爆發，且持續8個月的衣索匹亞・索馬利亞戰爭中，雖然當時美國與蘇聯所支援的國家與現在相反，但那時衣索匹亞空軍派出F－5E戰鬥機進行攔截，並以Canberra轟炸機實施轟炸，依然徹底壓制住索馬利亞。

事實上目前索馬利亞軍已經毀滅，因此衣索匹亞空軍與非洲聯盟主要對抗的目標就是索馬利亞的恐怖分子，並且共同在反恐戰爭中實施地面攻擊。在1998年到2000年與厄利垂亞爆發的戰爭中，主要是派出戰鬥機實施地面攻擊。目前MIG－21Bis／U戰鬥機已經減少到15架左右，MIG－23BN／UM戰鬥機也減少到10架左右。擔綱主力的Su－27SK／SP／UB戰鬥機配置19架，另外，還預定從印度空軍歸還給俄羅斯的18架Su－30戰鬥機中購買12架。目前，戰鬥直升機則是配置17架Mi－24。

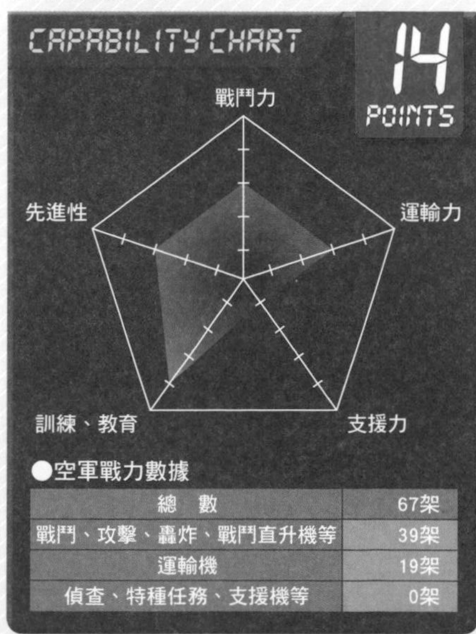

●空軍戰力數據

總　數	67架
戰鬥、攻擊、轟炸、戰鬥直升機等	39架
運輸機	19架
偵查、特種任務、支援機等	0架

空軍冷知識

聯合國成立的衣索比亞厄利垂亞特派團(UN Mission in Ethiopia and Eritrea, UNMEE)，駐紮在厄利垂亞與衣索匹亞之間的國境邊界進行停戰監視，但UNMEE的任務已經在2008年結束，目前兩國處於直接對峙的緊張狀態。

因國境問題對衣索匹亞進行地面攻擊，目前關係緊張

厄利垂亞空軍 Eritrean Air Force

1991年脫離衣索匹亞獨立後成立的厄利垂亞空軍，配置10架來自於衣索匹亞空軍的MIG－21戰鬥機，與2000年從摩爾多瓦空軍購買的MIG－21，但目前可能已經無法運作。從1998年開始配置超過18架以上的MIG－29戰鬥機，目前也可能只剩下5架可運作。現在的主力是從2003年開始配置的16架Su－27SK／UB戰鬥機，但是可能只剩6架左右可運作，另外還配置16架Mi－24D／E與Mi－35戰鬥直升機。厄利垂亞與衣索匹亞間存在著領土問題，戰鬥機都曾經越境進行轟炸。

厄利垂亞空軍的MB－339輕形攻擊機。 照片來源：madote。

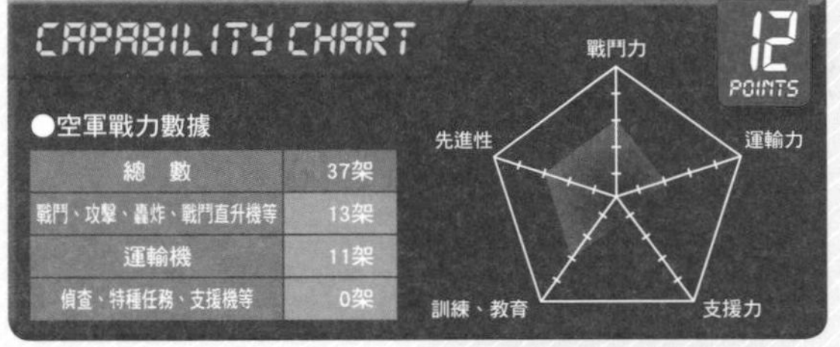

CAPABILITY CHART

12 POINTS

●空軍戰力數據

總　數	37架
戰鬥、攻擊、轟炸、戰鬥直升機等	13架
運輸機	11架
偵查、特種任務、支援機等	0架

空軍冷知識

在1979年的軍事政變中，推翻軍事政權的人物，就是迦納空軍的傑利·羅林格斯上尉。這個時候建立迦納共和國，維持長期政權到2001年，並且讓經濟有顯著的發展。

將教練機作為輕形攻擊機，以此傳統政策維持戰力

迦納空軍 Ghana Air Force

迦納空軍的歷史悠久，成立於1959年，但是一直都沒有配置過戰鬥機。到目前為止，都是將Aermacchi MB.326教練機、MB.339教練機、Aero L－29 Delfin教練機、L－39教練機等教練機兼作輕形攻擊機使用，但這些教練機可能都已經除役。現在配置的4架南昌教練－8教練機，還是拿來當作輕形攻擊機使用。

擁有運輸能力主要用來運輸陸軍部隊，有2架CASA C－295運輸機與3架Mi－8、Mi－17、Mi－171運輸直升機，並且預計另外再訂購10架。目前迦納的周圍，沒有威脅或敵對勢力。

迦納空軍的Mi－17MD運輸直升機。 照片來源：美國國防部

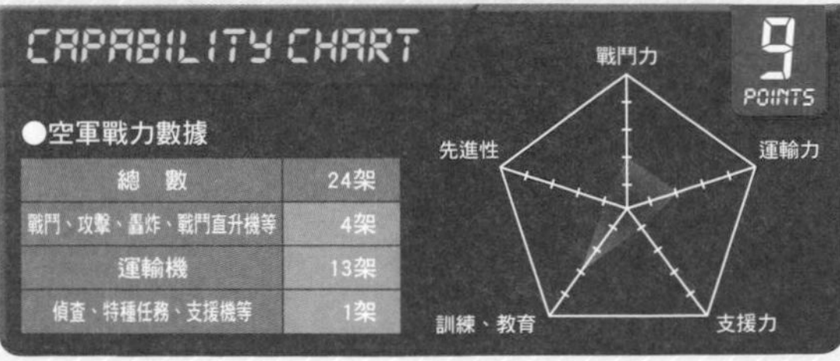

CAPABILITY CHART

9 POINTS

●空軍戰力數據

總　數	24架
戰鬥、攻擊、轟炸、戰鬥直升機等	4架
運輸機	13架
偵查、特種任務、支援機等	1架

主要任務是支援運輸陸軍與沿岸監視

維德角軍 Prople's Revolutionary Armed Force of Cape Verde

維德角軍是規模約1200人左右的小型軍隊，其中擁有規模約100人的航空戰力。3架An－26運輸機與1架LET L－410運輸機，主要被用來運輸陸軍部隊。維德角軍旗下也有海岸防衛對，用來支援海岸防衛隊的1架CASA C－212MPA海上監視機與Do228運輸機都被用來支援海上監視任務。另外，還配置2架哈爾濱直－9通用直升機，直－9為了支援特種部隊進行任務，而具有垂降到船艦上的能力，而且還可能裝有偵測器與IR攝影機。

維德角軍的LET－410運輸機。 照片來源：Pert Volek

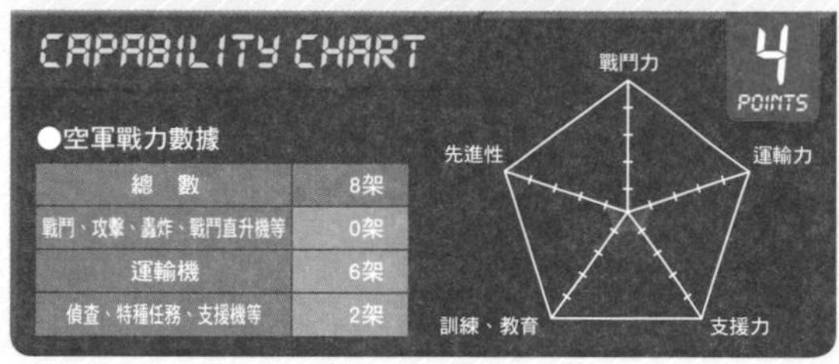

●空軍戰力數據

總　數	8架
戰鬥、攻擊、轟炸、戰鬥直升機等	0架
運輸機	6架
偵查、特種任務、支援機等	2架

空軍冷知識

維德角軍所使用的MPA指的是海上偵察機，這是駕裝備有對水面雷達與夜間使用的紅外線監視器的航空器。日本所使用的P－3C，也是MPA型號的。

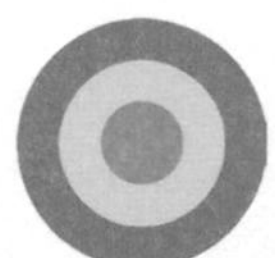

從南非購買的幻象F1，就是戰鬥的主力

加彭空軍 Gabonese Air Force

加彭空軍是位於非洲中部的小規模空軍，主力是6架南非空軍曾配置的幻象F1AZ，今後有可能繼續增強戰力。原本配置13架的幻象VG戰鬥機，似乎在這幾年之內都已經除役。用來運輸陸軍部隊的運輸機有3架C－130H運輸機、1架ATR－42F運輸機與1架CN－235M運輸機。作為VIP專機使用的波音777與Falcon900，也是由空軍運用。空軍自1972年成立以來，都沒有在國內外參與過戰鬥。

加彭空軍的C－130H運輸機。 攝影：Daniel Guerra

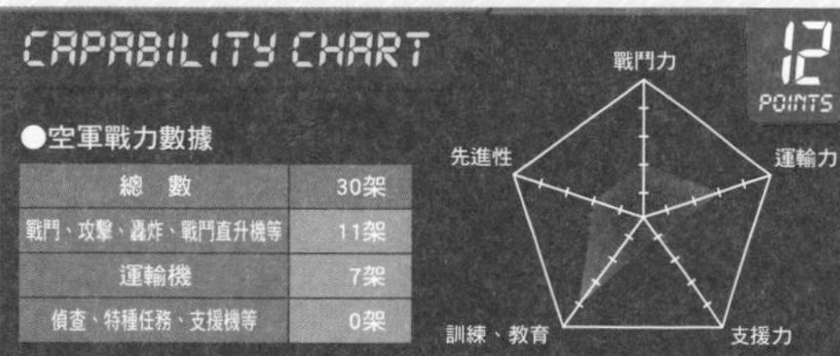

●空軍戰力數據

總　數	30架
戰鬥、攻擊、轟炸、戰鬥直升機等	11架
運輸機	7架
偵查、特種任務、支援機等	0架

空軍冷知識

加彭在查德・利比亞紛爭、薩伊內戰、剛果共和國內戰、象牙海岸危機等鄰近國家的紛爭中，成功扮演積極解決紛爭的角色。

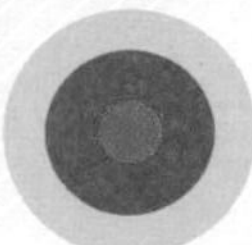

勉強運用4架Alpha Jet
喀麥隆空軍 Cameroon Air Force

空軍冷知識

喀麥隆採取不加入西方國家陣營，或共產國家陣營的中立方針，並維持非同盟的立場。似乎是因國家的周圍沒有能造成威脅或敵對的國家，因此比較不重視空軍預算。

雖然航空攻擊力，就是配置了4架將Alpha Jet MS2教練機，作為輕形攻擊機的戰機，但這就是所有的戰鬥能力。到近期為止，之前配置的6架Atlus Impala（MB－326M／K）輕形攻擊機，因為墜毀的關係，導致同機型的所有戰機都無法繼續運作。

雖然另外還配置貝爾412、貝爾206、Aerospatiale SA342等通用直升機，但是可能因為在國外完成飛行員教育後，國內的教育訓練環境還不夠完善，因此才會經常發生墜機意外。運輸機則是配置了3架C－130H，最近又再配置了1架CN－235運輸機。

Alpha Jet MS2教練：雖然是攻擊的主力，但配置的6架之中，已經有2架因墜毀而損失。 照片來源：喀麥隆空軍

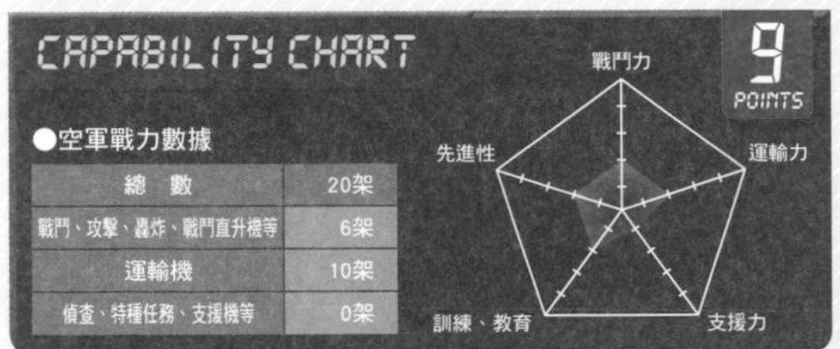

●空軍戰力數據

項目	數量
總　數	20架
戰鬥、攻擊、轟炸、戰鬥直升機等	6架
運輸機	10架
偵查、特種任務、支援機等	0架

航空勢力可能已經全數毀滅
甘比亞國民軍 Gambian Nation Army

空軍冷知識

甘比亞，是個以國家自身在加上周圍約30公里為領土，最寬處只有45公里的細長型國家。河口首都班竹的機場，就建立有國民軍的航空基地。

甘比亞的國防組織，是以陸軍部隊為主的甘比亞國民軍，航空戰力就是由國民軍（陸軍）運用。

根據多數資料指出，目前配置1架Su－25攻擊機與2架將農業用機AT－802改造而成的輕形攻擊機。但是從Google Earth等衛星照片來看，這3架戰機自2006年之後，就停放在基地裡的同一個位置沒被動過，尤其可以看到Su－25幾乎是被棄置在基地裡。就這點來看，這個國家可能已經沒有航空戰力。

在Google Earth上被公布出來的2013年時，甘比亞國民軍航空基地的狀況。 照片來源：節錄自Google Earth

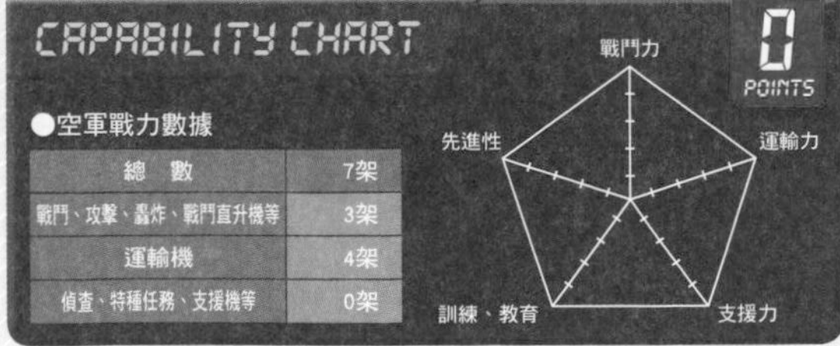

●空軍戰力數據

項目	數量
總　數	7架
戰鬥、攻擊、轟炸、戰鬥直升機等	3架
運輸機	4架
偵查、特種任務、支援機等	0架

以前曾經配置歷代的MIG戰鬥機

幾內亞空軍 Guinea Air Force

雖然幾內亞在1958年脫離法國獨立，但因為與法國斷交的關係，因此幾內亞空軍的戰機，主要使用的是蘇聯製的戰機。曾經配置MIG－15UTI戰鬥機、MIG－17戰鬥機、MIG－21bis戰鬥機，以及將捷克斯洛伐克製的L－29 Delfin教練機改造而成的輕形攻擊機。雖然在最新的資料中指出幾內亞空軍保有這些戰機，但是歐洲的專業雜誌曾分析過，這些戰機應該都已除役。戰鬥直升機可能只配置4架Mi－24戰鬥直升機，運輸機則有6架An－12、An－14、An－24等型號。目前空軍的任務，就只有運輸陸軍部隊與提供空中支援。

幾內亞空軍的IAR－330L Puma運輸直升機。 照片來源：Josip Andracic

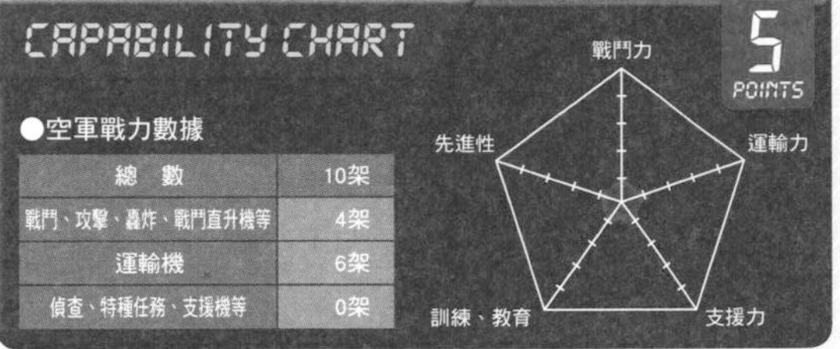

●空軍戰力數據

項目	數量
總　數	10架
戰鬥、攻擊、轟炸、戰鬥直升機等	4架
運輸機	6架
偵查、特種任務、支援機等	0架

空軍冷知識

幾內亞也使用的捷克製的L－29 Delfin教練機，在歐美國家這是款會由個人名義購買，或是由企業提供給軍方，作為拖靶機使用的耐用機體。

6架MIG－21保管在機庫裡？

幾內亞比索空軍 Guinea－Bissau Air Force

幾內亞比索空軍成立於1979年，曾經配置20架左右，自波蘭與東德等國購買的MIG－15UTI戰鬥機與MIG－17戰鬥機。這些戰鬥機目前已經除役，在90年代輸入的MIG－21MF戰鬥機中，據說有6架被保管在幾內亞比索基地的機庫內，但這6架戰機被認為可能沒有受到維護與管理。

Donyell D28運輸機與Reams FTB337通用機各配置1架，但是可能也因為零件供給不足的關係，導致無法運作。就空軍人員100名的規模來看，應該能夠維持配置SA319B通用直升機與Mi－8運輸直升機各1架的狀況。

幾內亞比索空軍的Mi－8運輸直升機。

照片來源：forumdefesa.com

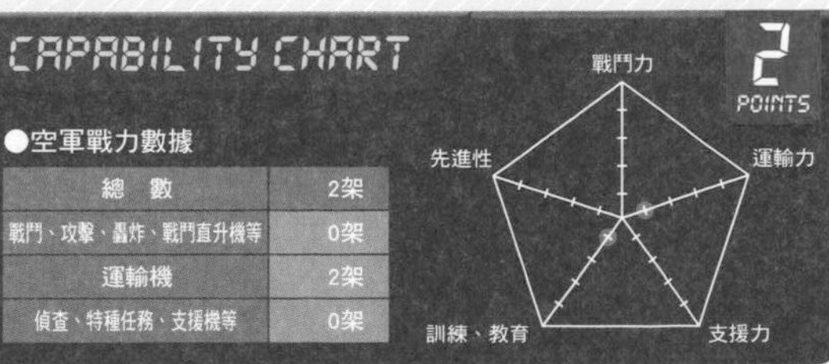

●空軍戰力數據

項目	數量
總　數	2架
戰鬥、攻擊、轟炸、戰鬥直升機等	0架
運輸機	2架
偵查、特種任務、支援機等	0架

空軍冷知識

幾內亞與幾內亞比索以前都是與中華民國有邦交的國家，但後來因中國大陸提供經濟與軍事支援，因此這些國家就跟中華民國斷交。

反恐戰爭成為空軍成立後，規模最大的作戰

肯亞空軍

Kenya Air Force

空軍冷知識

1982年，部分空軍軍官企圖發動軍事政變，但不幸失敗了。空軍因為負起連帶責任的關係，而遭到解散，後來雖然重新成立，但卻被降級為陸軍旗下的部隊，這個措施到1994年才解除。

F－5E戰鬥機：圖為據說在2012年時，正準備進行越境攻擊演習的肯亞空軍。　照片來源：Antoisurf

1978年起，從美國與約旦購買F－5E戰鬥機、F－5F戰鬥機與F－5EM戰鬥機共29架。目前還持續計畫配置17架F－5E與4架F－5等F型號的戰鬥機。從1990年起配置的12架Short Tucano Mk.51教練機中，有幾架被改造成可當作輕形攻擊機使用。用來運輸陸軍部隊的運輸機，是以11架哈爾濱直－12與14架SA330G運輸直升機為主力。

從2011年10月開始，持續8個月參與在索馬利亞進行的反恐戰爭——「Linda Nchi作戰」，這是肯亞空軍自1964年成立後，第一次在國外進行的戰鬥。當時有多架F－5E戰鬥機對索馬利亞南部的Jilib、Kisma等，恐怖分子組織伊斯蘭青年黨的據點，進行多次的地面攻擊，不單如此，空軍的SA330G運輸直升機、Mi－17運輸機與直－9通用直升機，也執行運輸陸軍特種部隊等的空降作戰。在作戰之中，因直－9降落失敗而造成損失。在這場作戰中，據說美國空軍的特種作戰機也有提供支援。

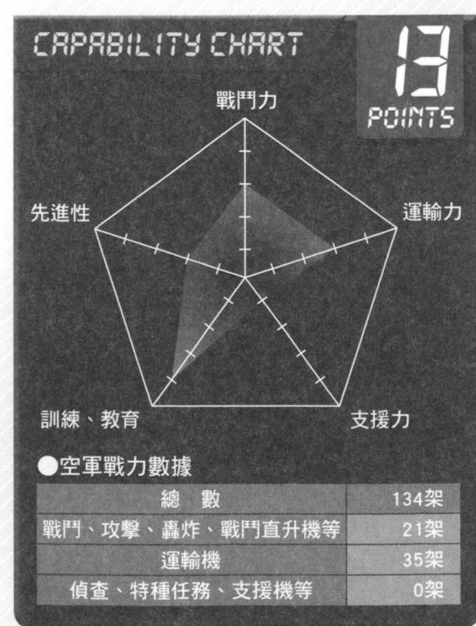

●空軍戰力數據

項目	數量
總　數	134架
戰鬥、攻擊、轟炸、戰鬥直升機等	21架
運輸機	35架
偵查、特種任務、支援機等	0架

內戰終於結束，以空軍重建為目標努力

象牙海岸(科特迪瓦)空軍 Air Force of Ivory Coast

1995年時，因總統選舉而導致國家未來爆發一分為二的內戰。在內戰期間的2004年，1架象牙海岸空軍的Su－25攻擊機，攻擊了駐紮在波阿克的法軍部隊，雖然象牙海岸主張是誤擊，但法國空軍在幾個小時後就展開報復，破壞停放在機場裡的3架Su－25與1架Mi－24戰鬥直升機，並且在空戰中擊落象牙海岸空軍的2架直升機（機種不明），至此象牙海岸空軍的主力在這場戰爭中被摧毀，目前已經開始重建。在內戰爆發之前，已經有配置2架MIG－23MLD戰鬥機與4架Su－25攻擊機，但現在可能都無法運作。

象牙海岸空軍的Su－25攻擊機。 照片來源：Jack1

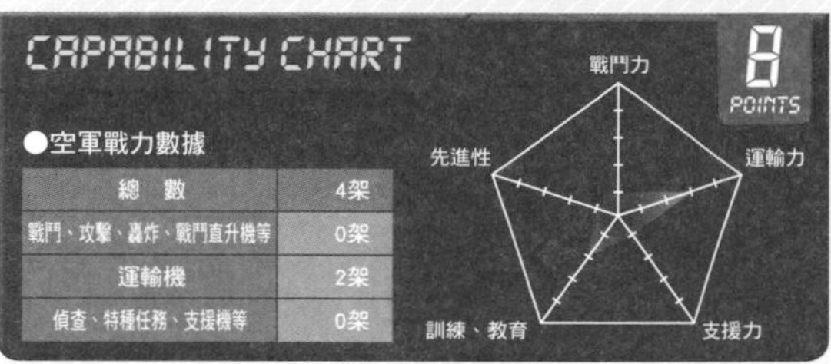

●空軍戰力數據

項目	數量
總 數	4架
戰鬥、攻擊、轟炸、戰鬥直升機等	0架
運輸機	2架
偵查、特種任務、支援機等	0架

空軍冷知識

在因總統選舉爆發內戰的2001年時，隸屬於聯合國的法國空軍Gazelle攻擊直升機，攻擊了巴葛博總統派的武裝勢力，此舉導致各國對聯合國進行譴責。

主力配置為從利比亞租借的救難機

葛摩警衛軍 Comorian Security Force

規模約500人的葛摩警衛軍，配置2架用來運輸部隊的LET L410UVP運輸機、1架SA350B通用直升機與1架Mi－14Pzh救難直升機。Mi－14Pzh是2008年時從利比亞空軍那，採有期限租借方式租借而來的海上搜索救難專用機，但是在利比亞政權瓦解後，葛摩警衛軍還持續的在使用（據說租借2架）。葛摩警衛軍，也負責管理葛摩警察軍所配置的2架Aermacchi SF.206教練機、3架SF.260W教練機與1架Cessna402通用機。警察軍所使用的6架飛機，似乎都是用來執行空中監視等任務。

葛摩警衛軍使用的SA350B通用直升機。
照片來源：葛摩警衛軍

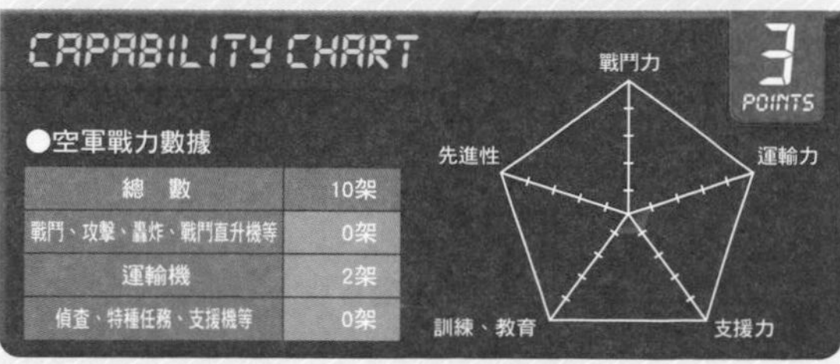

●空軍戰力數據

項目	數量
總 數	10架
戰鬥、攻擊、轟炸、戰鬥直升機等	0架
運輸機	2架
偵查、特種任務、支援機等	0架

空軍冷知識

1976年脫離法國獨立後，雖然因2次軍事政變而實施軍事政權，但2009年透過國民公投修訂憲法後，政情就逐漸穩定下來。

空軍冷知識

沒有辦法繼續維持戰鬥機的原因，就是因為蘇聯技術人員的撤離。將戰鬥機送往蘇聯工廠維修的這個方法，似乎也因為經費問題而無法實現。

原本有超過30架MIG戰鬥機，但現在都已無法使用

剛果共和國空軍 Armee de I'Air Congolaise

1970年代，為了強化空軍戰力而與蘇聯合作，但是當時配置8架（也有資料指出是20架）的MIG－17，到2000年為止都已全數除役，另外配置的16架MIG－21Bis／UM／MF戰鬥機，在2004年左右只剩下不到10架，從現在的衛星照片來看，則是完全看不到戰鬥機。

目前只剩下用來支援規模達8000人陸軍的5架An－24運輸機，以及各1架SA318、SA316與SA365通用直升機，而配置的Mi－8運輸直升機可能只剩1架或2架可運作。

可能由剛果共和國空軍所運用，但卻漆上民間標誌的CN－235運輸機。
照片來源：Wesley Moolman

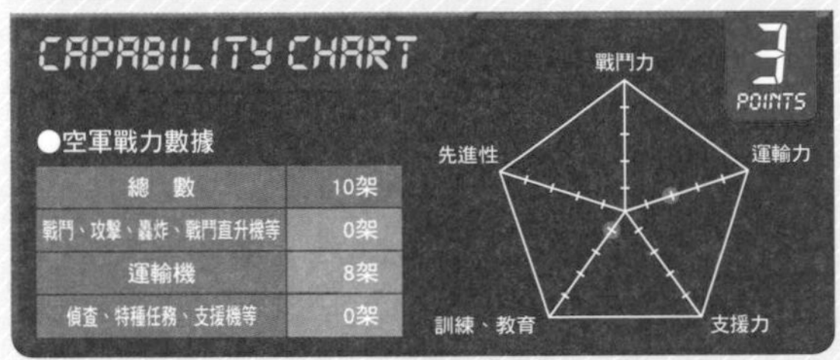

●空軍戰力數據

總數	10架
戰鬥、攻擊、轟炸、戰鬥直升機等	0架
運輸機	8架
偵查、特種任務、支援機等	0架

空軍冷知識

空軍在還是薩伊空軍的時代，就配置了3架在美國組裝的三菱MU－2J連絡機。MU－2J除了日本自衛隊之外，似乎還有其他國家在使用。

雖然國土面積排名世界第11名，卻因內政惡化導致空軍戰力下降

剛果民主共和國空軍 Air Force of the Democratic Republic of the Congo

到1997年之前被稱為薩伊，美國CIA提供薩伊21架有攻擊能力的T－21教練機等，合計共650架戰機的軍事支援與教育訓練，但後來因為財政陷入困境的關係，大多的戰鬥機都被出售。在1996年，因國內民族對立而爆發的第一次剛果戰爭中，空軍的戰機與飛行員都無法發揮功用，當時，幾位塞爾維亞傭兵飛行員，駕駛了剩餘的戰機進行作戰，但據說並沒有任何戰果。

歐洲的研究機構指出，包括配置的10架Su－25攻擊機與2架MIG－23MS／UB戰鬥機在內，幾乎所有的空軍戰機都已無法運作。

剛果民主共和國空軍的Mi－24戰鬥直升機。
照片來源：Guidi Potters

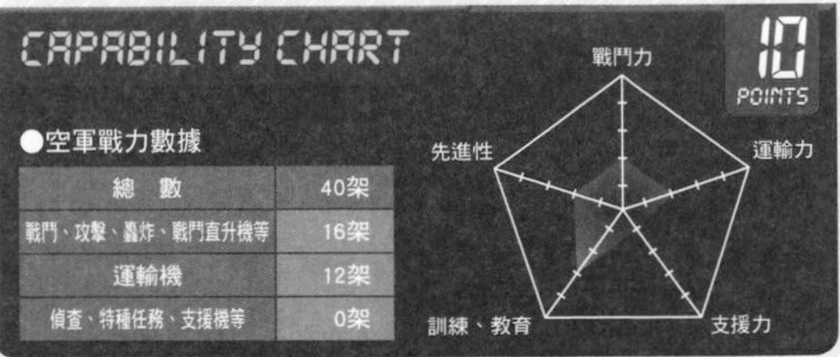

●空軍戰力數據

總數	40架
戰鬥、攻擊、轟炸、戰鬥直升機等	16架
運輸機	12架
偵查、特種任務、支援機等	0架

在中國的支援下，增強空軍戰力

尚比亞空軍 Zambian Air Force

尚比亞在獨立之後的1968年，成立以舊北羅德西亞航空群為核心的空軍。原本以MB326GB輕形攻擊機與Soko J－21輕形攻擊機為攻擊主力，但是在汰換的過程中，配置了從中國輸入的瀋陽殲－6戰鬥機、洪都教練－8輕形攻擊機與哈爾濱運－12運輸機等中國製戰機來進行近代化升級。

另外還輸入16架MIG－21，其中幾架在以色列的支援之下，升級成MIG－21－2000。目前據説有10架MIG－21、數架殲－6與8架左右的教練－8可運作。

尚比亞空軍配置的2架西安新舟－60：從機體的塗裝來看，可能是被作為VIP專機使用。 照片來源：Melting Tarmac Images

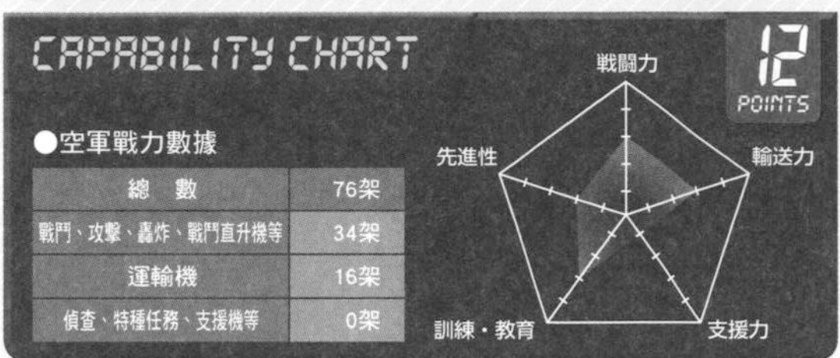

●空軍戰力數據

項目	數量
總　數	76架
戰鬥、攻擊、轟炸、戰鬥直升機等	34架
運輸機	16架
偵查、特種任務、支援機等	0架

空軍冷知識

1993年曾經發生過，以第一名成績通過國家預賽的尚比亞代表隊成員，在空軍運輸機的載運之下，於遠征的比賽地點——加彭墜毀，而導致所有人不幸罹難的意外。

從空軍降級為航空隊，今後的動向是個未知數

獅子山軍航空隊 The Republic of Seirra Leone Armed Force Air Arm

1973年成立的獅子山空軍，在2002年時，事實上就已經被降級成獅子山軍編制下的航空隊。獅子山軍自1991年起，就一直在與反政府勢力戰鬥，最後在聯合國的介入之下，成功的讓反政府勢力解除武裝，但在這場戰爭中，卻沒有機會發揮空軍戰力。相對的，從2002年之後到2010年左右，最多有4架聯合國軍（隸屬於聯合國的俄羅斯軍）的Mi－24戰鬥機，駐紮在首都的隆吉國際機場。

原本在瑞典的協助之下，從配置2架的SAAB MFI－15教練機起步，後來改採取以直升機為主力的方針，並以3架休斯369教練直升機來進行教育訓練。後來戰力逐漸提升到配置1架Bo－105通用直升機、2架AS355F通用直升機、數架Mi－8／17運輸直升機以及2架從白俄羅斯與烏克蘭輸入的Mi－24戰鬥直升機。

但是現在Mi－24無法運作，似乎只維持著配置2架Mi－8／17，以及2架改造成輕形攻擊機的MFI－15。

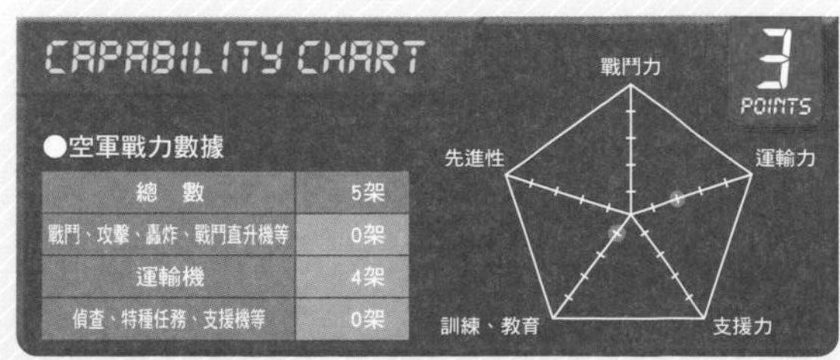

●空軍戰力數據

項目	數量
總　數	5架
戰鬥、攻擊、轟炸、戰鬥直升機等	0架
運輸機	4架
偵查、特種任務、支援機等	0架

空軍冷知識

在獅子山空軍時代，輸入的6架Mi－24戰鬥直升機，其中4架因損失等諸多原因，而變成提供零件專用的機體。

防空完全仰賴駐紮的法軍
吉布地空軍 Djiboutian Air Force

吉布地空軍，配置了用來支援陸軍的3架Mi－24攻擊直升機與2架Mi－8通用直升機。定翼機方面的通用機，雖然配置的L－410與Cessna206似乎已經很久沒有使用了，但是另外還有1架Cessna208通用機。防空仰賴法國，法國空軍有幻象2000戰鬥機，以及外籍兵團使用的C160運輸機都駐紮在吉布地。

美國空軍、美國海軍陸戰隊與英國空軍，為了反恐政策與任務而駐紮在吉布地，德國海軍、西班牙空軍與日本海上自衛隊，則是為了反制海盜而駐紮在吉布地。

吉布地空軍使用的LET L－410運輸機。 照片來源：A J Best

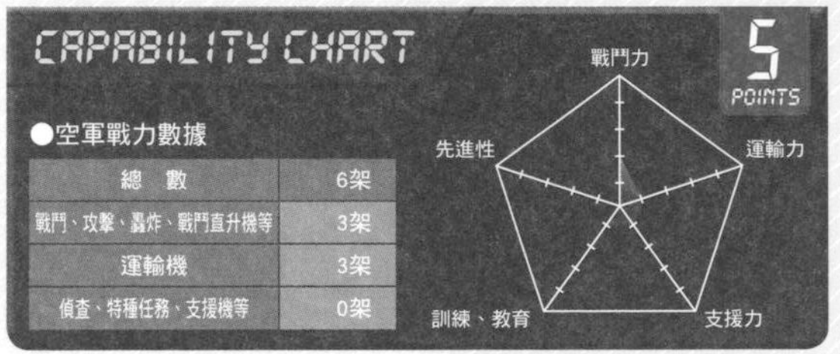

●空軍戰力數據

項目	數量
總　數	6架
戰鬥、攻擊、轟炸、戰鬥直升機等	3架
運輸機	3架
偵查、特種任務、支援機等	0架

空軍冷知識

駐紮在吉布地的美軍，配置了U－28特種作戰機、MQ－9多用途無人飛機、AC－130U攻擊機、MC－130特種作戰機、F－15C、F－15E戰鬥機等戰機，吉布地因此成為美軍對索馬利亞與葉門執行作戰時的據點。

Air Force Column
日本自衛隊在海外的唯一駐紮據點，就位於吉布地

日本自衛隊依據海盜應對法，從2011年6月開始，於吉布地國際機場西北地區，設置了可停放3架戰機的停機坪，與1個機庫構成的活動據點，並派遣2架P－3C偵察機，到這裡組成——日本自衛隊海盜應對行動派遣航空隊。雖然這個據點是跟吉布地政府租用的，但事實上是個駐紮基地，這是自二次世界大戰結束，日軍從國外撤退之後，第一個設立於海外的基地。P－3C與派遣到索馬利亞外海亞丁灣海域的2艘護衛艦，一起聯手進行確認正在航行的船之中，是否有可疑的船隻或海盜等相關工作，並且將情報提供給護衛艦、其他的艦艇或偵察機部隊。航空自衛隊的隊員也常駐於此地，負責運用C－130H運輸機與U－4多用途機支援這個活動。這個據點的防衛工作，則是由陸上自衛隊負責，以自衛隊派遣到海外的部隊來說，這是第一支將陸、海、空自衛隊統合起來的部隊。

防守停放吉布地據點P－3C的陸上自衛隊第一空挺團隊員。 照片來源：柿谷哲也

因受到中國支援，而大量使用中國製戰機

辛巴威空軍

The Air Force of Zimbabwe

2006年，於開普頓被拍攝到的辛巴威空軍教練－8攻擊機。 照片來源：Danie van der Merwe

空軍冷知識

2004年曾經有打算配置MIG－29SMT戰鬥機，但據說因為與俄羅斯談不攏，於是就決定改配置成都FC－1戰鬥機，當時飛行員是從巴基斯坦空軍派遣過來的。

辛巴威於2002年失去大英國協成員的資格後，辛巴威空軍就將Hunter FGA.9戰鬥機與Hawk Mk.60攻擊機，汰換成從中國輸入的洪都教練－8攻擊機、12架成都殲－7IIN戰鬥機、12架殲－7MG戰鬥機、貴州殲教－7教練機。另外，據說還將少數幾架瀋陽殲－5戰鬥機作為中級教練機使用；也輸入了MIG－23戰鬥機，但實際輸入的數量不明（已經確認配置超過3架）。戰鬥直升機最多可能配置9架Mi－24V與Mi－35P，Mi－8T運輸直升機似乎作為砲艇機使用。

運輸機配置2架Il－76、1架An－12與6架BN－2A。比較罕見的機體有前線空中管制機O－2（skymaster），這種戰機最多配置23架。

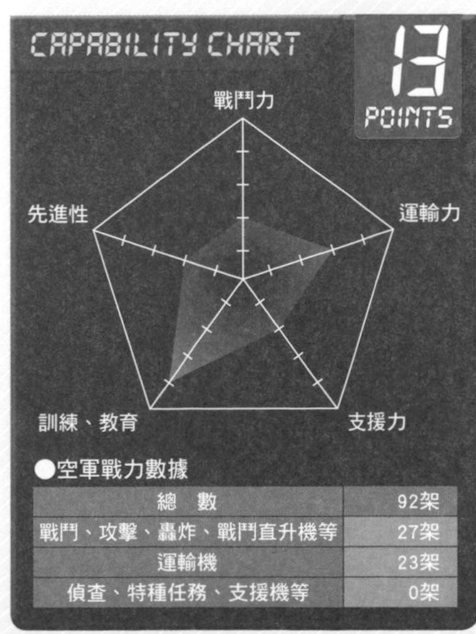

●空軍戰力數據

總　數	92架
戰鬥、攻擊、轟炸、戰鬥直升機等	27架
運輸機	23架
偵查、特種任務、支援機等	0架

掌握與鄰國南蘇丹之和平關鍵的強大空軍

蘇丹空軍

Sudanese Air Force

蘇丹空軍的MIG－29SE：目前確認有12架已輸出，據說另外還有未被確認的12架。

照片來源：Melting Tarmac Images

蘇丹空軍曾經配置過F－5E／F，但因為於1993年起，被美國認定為「支援恐怖分子的國家」，因此之後的軍事用武器，主要都只能從中國與俄羅斯輸入。目前的主力戰鬥機是11架MIG－29與20架成都殲－7，地面攻擊的主力則是11架Su－25。

另外自2012年之後，據說從白俄羅斯輸入超過12架Su－24M。2008年曾經派出運輸機執行轟炸達佛地區的任務；蘇丹政府譴責支援反政府軍的鄰國查德派遣空軍戰機越境攻擊蘇丹陸軍。

蘇丹與2011年獨立的南蘇丹，在彼此國境附近為了油田問題而爆發紛爭。雖然蘇丹空軍越境進行地面攻擊，但因為南蘇丹沒有防空能力的關係，因此聯合國譴責蘇丹的攻擊行動。之後，南蘇丹主張擊落1架蘇丹空軍的MIG－29。

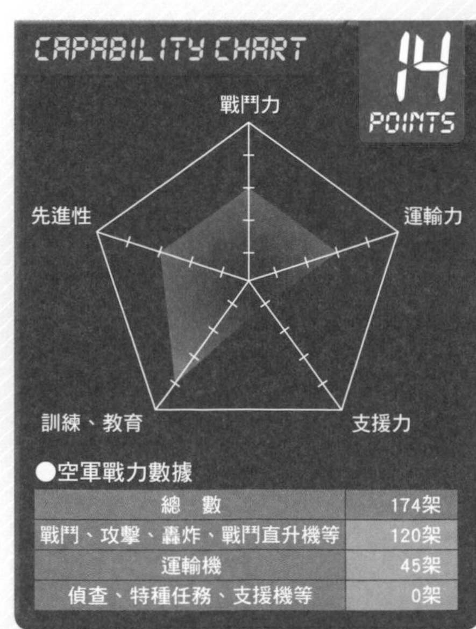

●空軍戰力數據

總　數	174架
戰鬥、攻擊、轟炸、戰鬥直升機等	120架
運輸機	45架
偵查、特種任務、支援機等	0架

空軍冷知識

蘇丹雖然位於非洲內陸，但北部還是有面臨紅海的港灣以及石油等與國家利益有關的重要設施，因此陸軍與空軍的配置比周圍國家優秀。

鄰國沒有敵人，因此空軍只配置運輸機

史瓦濟蘭國防軍航空隊 Umbutfo Swaziland Defense Force Air Arm

史瓦濟蘭國防軍航空隊配置Canadair Global Express、Learjet35、MD－87客機（一部分的機體登錄為民間藉）各1架，這些機體可能都是國王或政府要人，前往國外時搭乘的專機。除此之外，還配置了Cessna337、Piper PA－28各1架。

國內的3處地面部隊營區，有未鋪柏油的跑道，Cessna337與Piper PA－28可在這種跑道降落。現在史瓦濟蘭與周圍國家的關係穩定，即使是在較久遠的以前，史瓦濟蘭國防軍也沒有跟周圍的國家交戰過。

史瓦濟蘭航空隊的Alaba201運輸機可能已經除役。
照片來源：Peter M Garwood

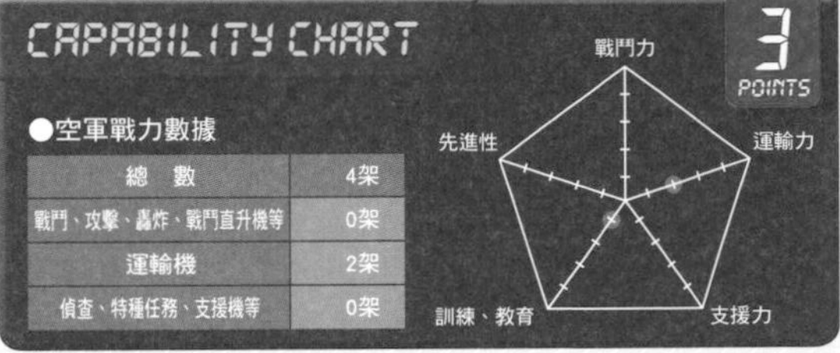

●空軍戰力數據

總　數	4架
戰鬥、攻擊、轟炸、戰鬥直升機等	0架
運輸機	2架
偵查、特種任務、支援機等	0架

空軍冷知識

自2012年起配置的MD－87，到2007年為止，一直由日本航空當成客機使用（客機編號為JA8372）。

與鄰國之間存在著領土問題的小規模空軍

赤道幾內亞軍航空團 Air Wing if Equatorial Guinea

赤道幾內亞有由陸軍、海軍與航空團組成的政府軍，攻擊機除了配置4架Su－25K／Su－25UBK之外，以輕型攻擊為主的攻擊機則是配置了2架L－39。戰鬥直升機配置5架Mi－24V，運輸機則配置An－32與An－72各1架。這些攻擊直升機與運輸機，是2000年時，使用特別預算自烏克蘭購買的。

航空團裡有一支運用波音737、Falcon900等飛機的總統飛行隊，但這支部隊的運用與防衛，均受到摩洛哥政府支援，摩洛哥空軍與陸軍也駐紮在赤道幾內亞國內。

2011年，在烏克蘭的工廠裡被拍到，正在進行維修的赤道幾內亞軍的Mi－24。
照片來源：Chris Lofting

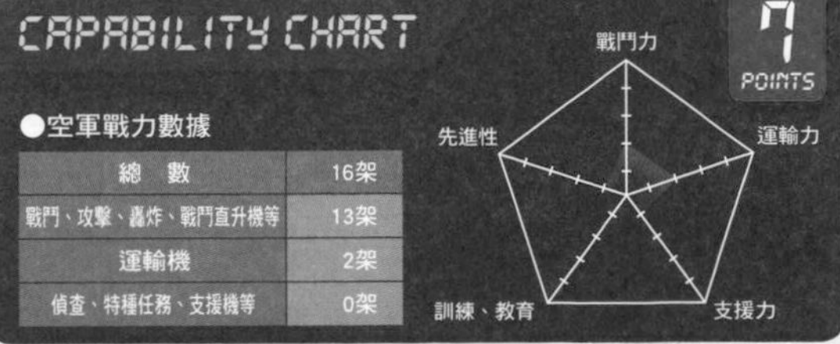

●空軍戰力數據

總　數	16架
戰鬥、攻擊、轟炸、戰鬥直升機等	13架
運輸機	2架
偵查、特種任務、支援機等	0架

空軍冷知識

首都比奧科島上的馬拉博國際機場，場內的一個角落為部隊據點，另外也讓攻擊部隊分散到位於非洲大陸上最大都市——巴塔的巴塔機場。

空軍冷知識

塞席爾，由散布於460平方公里的海域中的100座以上之島嶼構成，基地位於塞席爾機場，馬努羅維亞機場也有派遣隊。

全世界唯一是公司型態的空軍
塞席爾開發公司與海岸防衛隊航空團 Seychelles Island Development Company and Coast Guard Air Wing

塞席爾空軍成立於1978年，但是在1991年政權交替後，因國防軍缺乏預算的關係，而無法繼續維持下去，於是國內的觀光開發公司，就接掌海岸防衛事業，從國防軍的手上接下治安權。雖然名稱改為海岸防衛隊，但軍機上的國籍標誌還是保留著。有部分的機體沒有標上國籍標誌，而標上民間登錄的機體編號。目前配置DHC－6偵察機、BN－2運輸機、Cessna F408聯絡機、印度捐贈的Do228偵察機、中國捐正的運－12偵察機各1架。另外，還配置了3架用來訓練飛行員的Cessna150教練機。

2013年，因印度捐贈而配置的Do228偵察機。
照片來源：Andras Kisgergely

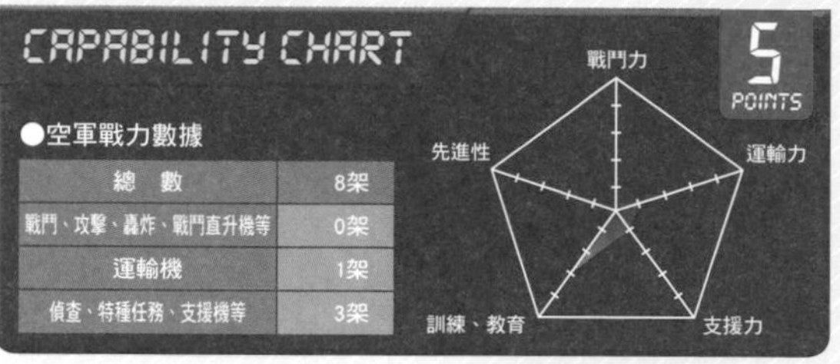

●空軍戰力數據

總　數	8架
戰鬥、攻擊、轟炸、戰鬥直升機等	0架
運輸機	1架
偵查、特種任務、支援機等	3架

空軍冷知識

以前的殖民國法國，派遣空軍部隊駐紮在首都機場，並配置支援運輸機與偵察機等戰機執行作戰。

即將配置期待已久的Super Tucano輕形攻擊機
塞內加爾空軍 Senegalese Air Force

塞內加爾空軍，原本配置7架將從巴西與法國購買，並且改造成能夠實施地面攻擊的輕形攻擊機——Fouga Magister CM170R教練機，但是在2000年之前都已經全部除役。後來主力就是3架Mi－17攻擊直升機與2架Mi－24戰鬥直升機。

2013年已經簽下購買3架A－29 Super Tucano輕形攻擊機的合約，預定2014年中就會開始配置。除此之外還配置1架C－212MPA海上偵察機、各2架F－27運輸機與BN－2T運輸機，另外還預定要配置1架AW139通用直升機。

在首都的達卡機場，被拍到的塞內加爾空軍的Mi－17－2運輸直升機，可以看到有外部武器裝置、駕駛艙防彈裝備與氣象雷達。
照片來源：K.Bell

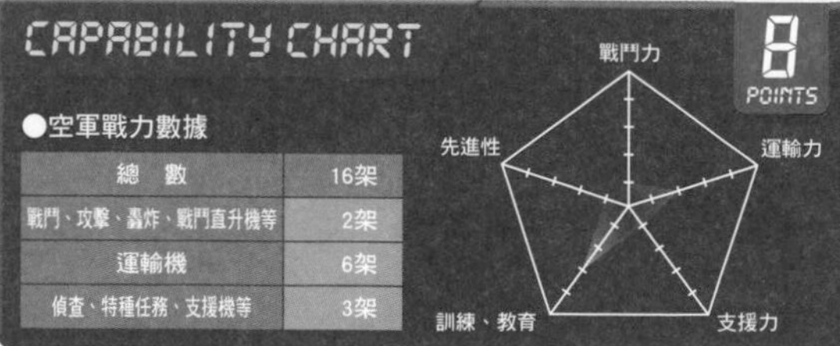

●空軍戰力數據

總　數	16架
戰鬥、攻擊、轟炸、戰鬥直升機等	2架
運輸機	6架
偵查、特種任務、支援機等	3架

雖然現在沒有戰機，但期待已久的新生空軍重建了

索馬利亞空軍 Somali Air Force

以前曾經配置超過20架的MIG－15戰鬥機、超過20架的MIG－17戰鬥機與8架MIG－21MF／UM戰鬥機及8架Hawker Hunter戰鬥機的索馬利亞空軍，在反政府勢力與武裝集團發動的內戰中，隨著政權垮台而跟著消失。2012年時，位於肯亞的索馬利亞暫定政權與義大利決定要成立新生空軍，因此空軍就在索馬利亞國防軍的旗下重建。國內依然有恐怖分子組織在活動，於是在非洲聯盟與美軍的支援下，繼續進行作戰。新生空軍，則是從吉布地國內的機場支援這些作戰。

因內亂的關係，無法回到摩加迪修，而被棄置在奈洛比機場的2架索馬利亞空軍的An－24運輸機。 照片來源：柿谷哲也

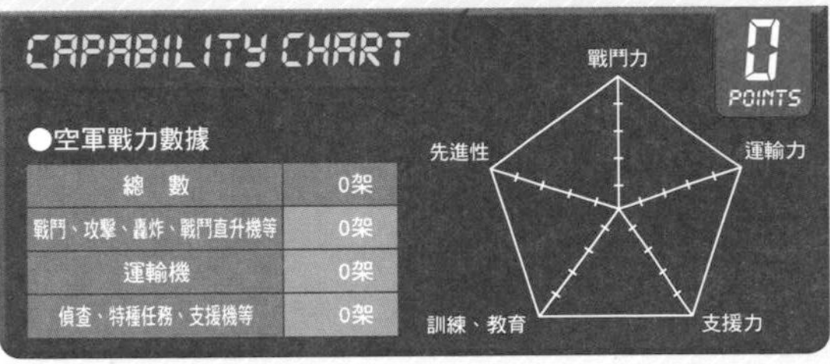

●空軍戰力數據

總　數	0架
戰鬥、攻擊、轟炸、戰鬥直升機等	0架
運輸機	0架
偵查、特種任務、支援機等	0架

空軍冷知識

非洲聯盟駐索馬利亞特派團（AMISOM）就駐紮在首都摩加迪修，目前已經掌握機場。且陸軍已經恢復到規模13000人的水準。

不知道戰鬥機是否已經毀滅的神祕空軍

坦尚尼亞空軍司令部 Tanzania Air Force Command

坦尚尼亞的空軍戰力，原本是來自坦尚尼亞國防軍航空團（Defence Force Air Wing），目前被稱為空軍司令部。2007年，有報告指出坦尚尼亞空軍具有數架MIG－21MF／U戰鬥機、成都殲－7戰鬥機、瀋陽殲－6戰鬥機、瀋陽殲教－5戰鬥機等之戰鬥力，但現在可能都已經無法戰鬥。在這些戰機之中，有10架MIG－21MF／UM以套上保護罩的方式，棄置在首都的穆萬扎機場，另外可以確認的是，於2013年時在此新建設了12架戰鬥機專用的新機庫。

被棄置於穆萬扎機場南側停機坪的MIG－21MF／UM戰鬥機。但是，最近在這裡建設了新機庫。 照片來源：Hansurli Krapf

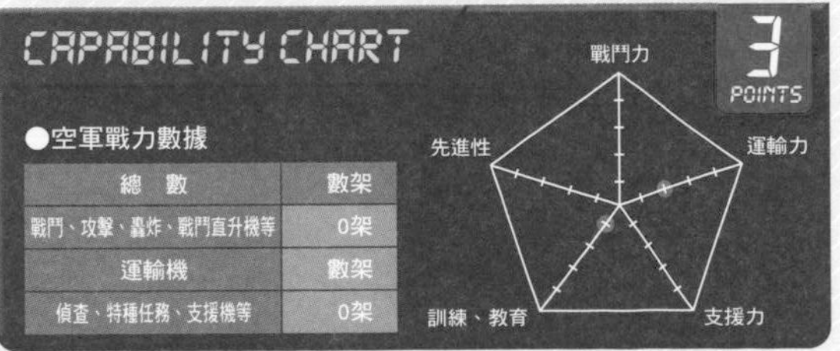

●空軍戰力數據

總　數	數架
戰鬥、攻擊、轟炸、戰鬥直升機等	0架
運輸機	數架
偵查、特種任務、支援機等	0架

空軍冷知識

坦尚尼亞盡力的促進剛果民主共和國與蒲隆地等地區的穩定，並參與派遣到蘇丹的PKO部隊，也盡力的實行反海盜政策。

空軍冷知識

80年代，查德空軍的AD－4 Skyraider攻擊機是由白人（據說是法國人）傭兵飛行員駕駛的。

持續以有限的航空戰力攻擊反政府勢力

查德空軍 Chadian Air Force

查德的周圍雖然有很多敵對勢力，卻因為經濟的關係，幾乎無法提升戰鬥攻擊力。1976年遭到利比亞入侵，2003年則是因達佛紛爭造成民兵流入國內，翌年更是與反政府勢力爆發內戰。2008年，Mi－17、Mi－24戰鬥直升機與被改造成輕形攻擊機的PC－6B運輸機，曾越境進入蘇丹轟炸查德反政府勢力，現在偶而也會攻擊國內的武裝勢力。攻擊的主力是8架Mi－24V／D戰鬥直升機，其中一部分是來自於利比亞虜獲的機體。

2013年12月，剛由Alenia製成，要販售給查德空軍的C－27J Spartan運輸機。
照片來源：Matteo Galvan

CAPABILITY CHART 7 POINTS

戰鬥力／運輸力／支援力／訓練、教育／先進性

●空軍戰力數據

項目	數量
總　數	31架
戰鬥、攻擊、轟炸、戰鬥直升機等	11架
運輸機	9架
偵查、特種任務、支援機等	0架

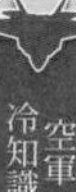

空軍冷知識

防空由駐紮在吉布地的法國戰鬥機負責，據說這些戰鬥機會定期飛到中非。

可能會放棄使用定翼機，轉變成使用直升機的空軍？

中非空軍 Central African Republic Air Force

雖然周邊沒有與之為敵的國家，但因為政權不穩定，而導致中非空軍的營運狀況相對不穩定。空軍將6架Aermacchi AL－60通用機與2架BN－2運輸機，保管在緊鄰首都的姆波科機場的基地裡，但這些機體似乎在2013年底就已經停止使用，150位空軍人員，主要任務似乎都是以維護直升機運作為主。

目前配置的直升機，有2架Mi－8運輸直升機（或是4架左右）與1架AS350B通用直升機（或2架）。

1987年，於姆波科機場被拍攝到的中非空軍AB350B通用直升機。
照片來源：T.Laurent

CAPABILITY CHART 3 POINTS

戰鬥力／運輸力／支援力／訓練、教育／先進性

●空軍戰力數據

項目	數量
總　數	4架
戰鬥、攻擊、轟炸、戰鬥直升機等	0架
運輸機	2架
偵查、特種任務、支援機等	0架

以支援運輸陸軍為主要任務的空軍

突尼西亞空軍

Tunisian Air Force

2005年，在馬爾他被拍攝到，突尼西亞空軍的C－130H運輸機。 照片來源：Reberto Benetti

空軍冷知識

因受到鄰國阿爾及利亞的獨立戰爭影響，比塞大基地曾於1961年遭到法國佔領，並作為據點使用，不過法軍在2年後就撤退了。

突尼西亞空軍為了支援陸軍部隊，而配置C－130B與C－130H運輸機共8架。C－130在突尼西亞陸軍作為維和部隊，被派遣至剛果民主共和國、納米比亞、索馬利亞、盧安達、蒲隆地、剛果等地時，而被使用到。

另外還配置5架G－222運輸機與5架L－410運輸機，2架全新打造的C－130J運輸機也在2014年加入空軍。在空中支援方面，則是配置15架SA342 Gazelle。

最近也開始配置，被稱為Nasnas Mk.1與Jebel Assa的突尼西亞國產短距離偵察用UAV。另外配置12架F－5E／F戰鬥機，其中6架似乎是處於保管狀態。

突尼西亞空軍自1969年開始配置的12架F－86F戰鬥機，是以前日本航空自衛隊所使用的F－86F－40戰鬥機（由美國提供）。這些戰機已經全數除役，其中的1架目前還展示在比塞大空軍基地內。

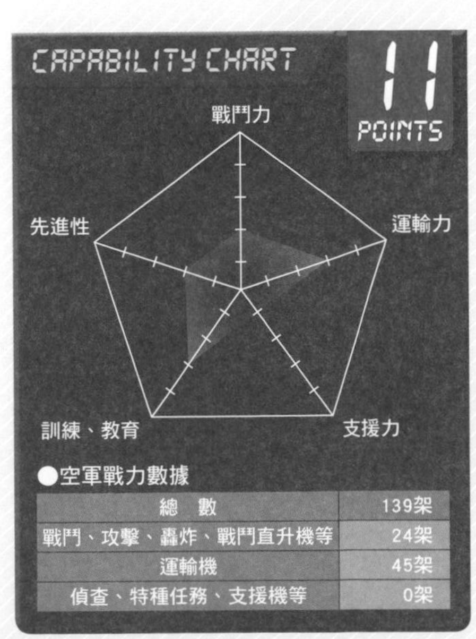

●空軍戰力數據

總數	139架
戰鬥、攻擊、轟炸、戰鬥直升機等	24架
運輸機	45架
偵查、特種任務、支援機等	0架

空軍冷知識

過去，曾經配置由德國仿製的Fouga Magister CM.170R教練機，主要是作為輕形攻擊機使用。

跟運輸機能比起來，更擅長將輕形攻擊作為主要任務的空軍

多哥空軍 Togolese Air Force

多哥努力的實行和平外交，並積極的仲裁或調停非洲國家之間的紛爭，並且保持非同盟的中立立場。因此周圍的國家都沒有與多哥為敵，而規模約8500人的多哥軍，主要的任務是維持治安。

其中空軍的規模約為250人，攻擊的主力是2架Alpha Jet輕形攻擊機、6架EMB－326輕形攻擊機，以及4架能夠進行反叛亂輕形攻擊的TB－30A Epsilon教練機。空軍只配置2架Beech200通用機與2架SA316通用直升機，幾乎沒有運輸陸軍部隊的能力。

才剛由法國的Socata公司全新打造的TB－30A Epsilon教練機。
照片來源：T.Laurent

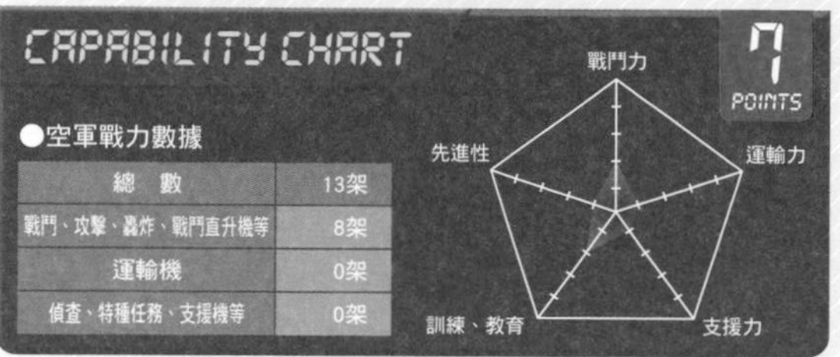

●空軍戰力數據

項目	數量
總數	13架
戰鬥、攻擊、轟炸、戰鬥直升機等	8架
運輸機	0架
偵查、特種任務、支援機等	0架

Air Force Column 在佔領的敵軍領土上，建立空軍基地而遭到反擊的例子

從1978年爆發之後，持續了10年的查德・利比亞戰爭中，查德國內的反政府軍與利比亞軍佔領了查德北部。利比亞空軍在沙漠中的哇地度安機場（Ouadi Doum）建立空軍基地，作為轟炸查德的前線基地。1986年2月16日，支援查德的法國空軍出動8架Jaguar轟炸機與4架護航的幻象F1，在沙漠的上空以超低空的方式進攻。當利比亞軍的雷達發現敵機時，已經來不及攔截敵軍，Jaguar編隊在一次飛越基地的過程中，投下40枚炸彈，這次的轟炸在幾十秒內就結束，利比亞軍的前線基地因此遭到毀滅。沒多久之後，戰敗的利比亞軍逃回國內，因此在法國的支援下，查德軍成功的搶回被佔領的區域。當時查德空軍虜獲3架Tu－22轟炸機、1架MIG－21戰鬥機、11架L－39ZO輕形攻擊機與9架SF260輕形攻擊機等戰機。這些戰機被保管一陣子之後，除了SF260之外，都沒有被查德空軍使用，而是遭到廢棄。這樣能夠一瞬間顯示出空軍戰力的作戰模式，即是國家與國家之間戰略與戰術運用的最佳範本。

與遭查德虜獲的利比亞空軍同一支部隊所使用的同型機——SF260輕形攻擊機。 照片來源：柿谷哲也

以提供強大陸軍空中支援為主要任務的空軍

奈及利亞空軍

Nigerian Air Force

奈及利亞空軍的殲教－7戰鬥機：因為也會作為高級教練機使用的關係，因此採用獨特的塗裝。　照片來源：Gar3th

奈吉利亞空軍主力是12架成都殲－7戰鬥機與超過12架的Alpha Jet輕形攻擊機。另外還配置17架L－39輕形攻擊機，由於已額外訂購12架MB－339輕形攻擊機，因此L－39可能會被汰換掉。戰鬥直升機除原本配置的8架Mi－35之外，還另外再訂購3架。除此之外，還開始配置依目前世界上現有的直升機機種而言，算是比較新型的Robinson R66作為初級教練直升機。

奈及利亞空軍成立於1964年，卻因在之後內戰（比亞法拉戰爭）中獨立的比亞法拉共和國空軍獲得傭兵飛行員協助，使用B－25轟炸機等戰機攻擊，藉此取得高於奈及利亞空軍的優勢。不過，奈及利亞空軍隨後在蘇聯的支援之下，獲得MIG－17戰鬥機與Il－28轟炸機，總算有辦法對抗敵人。

空軍剛成立的初期，主要是由埃及與捷克的傭兵飛行員來駕駛戰機。後來逐漸在轟炸等方面的任務開始出現戰果，剛好比亞法拉陣營也陷入大饑荒，導致軍事和經濟崩潰，終於在1970年投降，並被奈及利亞吸收。

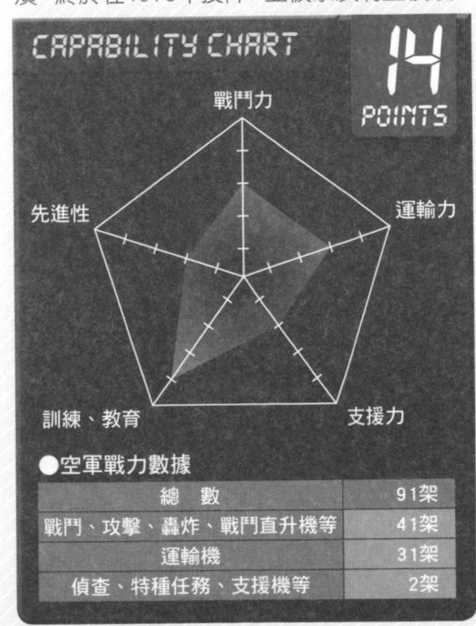

●空軍戰力數據

總　數	91架
戰鬥、攻擊、轟炸、戰鬥直升機等	41架
運輸機	31架
偵查、特種任務、支援機等	2架

空軍冷知識

在比亞法拉戰爭中，比亞法拉空軍的飛行員大多都是白人傭兵飛行員。據說這些飛行員在戰局轉變之後就逃離戰場。在非洲這樣的戰爭中，傭兵飛行員是很常見的。

空軍冷知識

雖然國土面積廣大（約為日本的2倍），但軍隊整體的現役軍人據說只有9200人，可是空軍配置的戰機卻很多，有可能是因為經常要支援外部機構與民間。

2005年才成立的空軍
納米比亞空軍 Namibia Air Force

納米比亞於1990年脫離南非獨立，納米比亞國防軍航空團成立於1994年，在2005年則升格為空軍，並且配置從中國購買的成都殲－7戰鬥機來做為空軍戰力的基礎。到2011年為止，戰力已經強化到配置12架洪都教練－8輕形攻擊機了。

另外還配置哈爾濱運－12運輸機與哈爾濱直－9通用直升機等戰機，在中國的支援下強化戰力。另外，也配置2架從俄羅斯購得Mi－24D的輸出型——Mi－25戰鬥直升機。

2008年，納米比亞空軍所屬的運－12運輸機，正要降落在納米比亞首都的厄洛斯機場，可以看到有2種國籍標誌。

照片來源：Alan Lebeda

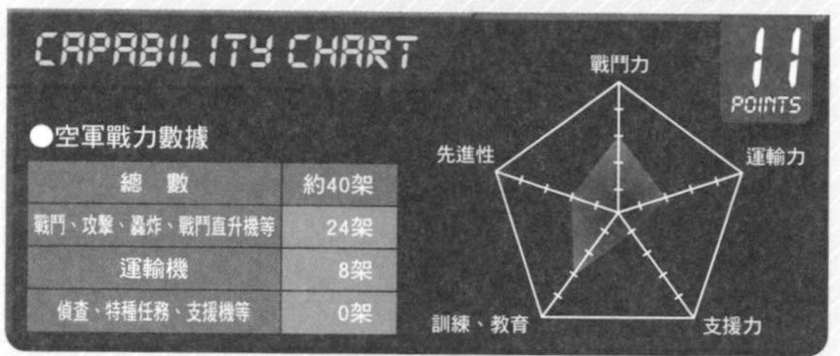

●空軍戰力數據

總　數	約40架
戰鬥、攻擊、轟炸、戰鬥直升機等	24架
運輸機	8架
偵查、特種任務、支援機等	0架

空軍冷知識

尼日空軍為了進行偵察，而配置3架法國製的超輕量輕航機（ULP）Humbert Tétras。這是1架售價大約是日幣4百萬元的飛機。

2013年終於獲得期待已久的攻擊力
尼日空軍 Niger Air Force

在尼日國家飛行隊（Niger National Escadrille）時代，曾經配置2架C－130H運輸機，其中1架因墜毀而損失，另一架目前還在使用，但不知道是否還能夠運作。目前的主力似乎就是Cessna208通用機與Donyell Do228運輸機。

在戰鬥機方面，2013年時配置2架Su－25攻擊機。有一些資料指出也配置了2架Mi－24戰鬥直升機，但不確定這個說法是否正確；比較特別的是配置2架奧地利製的Diamond DA42這種小型飛機作為偵察機使用。

飛抵位於迦納首都機場的尼日空軍所屬的Donyell Do228運輸機。

照片來源：PRM

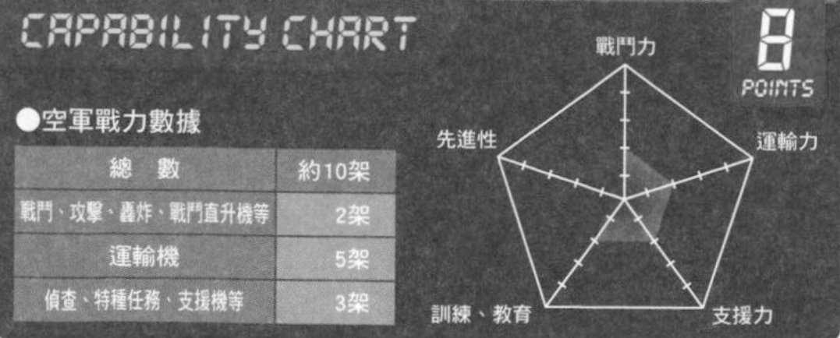

●空軍戰力數據

總　數	約10架
戰鬥、攻擊、轟炸、戰鬥直升機等	2架
運輸機	5架
偵查、特種任務、支援機等	3架

在非洲國家之中，少數沒有配置中國製戰機的空軍

布吉納法索空軍 Burkina Faso Air Force

1984年在利比亞援助下租借的10架MIG－21戰鬥機，本來會成為在1985年成立的布吉納法索空軍主力，但在空軍即將成立前，這些戰鬥機就被利比亞收回。後來配置MIG－17戰鬥機（數量不明），現可能已無法運作，因此目前的戰鬥力為2架Mi－35戰鬥機與2012年配置的3架Super Tucano及1架AT802輕形攻擊機。比較特別的是將2架旋翼機（編註：性能結構介於飛機和直升機之間，多用在旅遊或體育活動）登錄為空軍藉，還配置2架較少見的Nord N262客機。布吉納法索是少數與台灣有邦交的國家，因此未配置中國製戰機。

2012年，正要降落為於首都機場的布吉納法索空軍CN－235－220運輸機。 照片來源：PRM

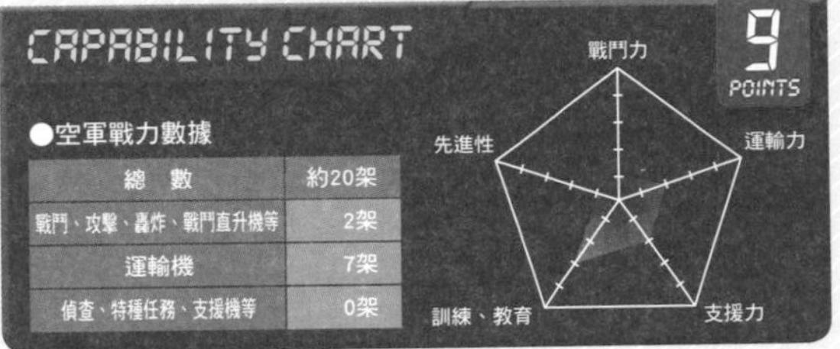

CAPABILITY CHART 9 POINTS

●空軍戰力數據

總　數	約20架
戰鬥、攻擊、轟炸、戰鬥直升機等	2架
運輸機	7架
偵查、特種任務、支援機等	0架

空軍冷知識

除了原先自菲律賓空軍引進的6架SF．260WP教練機之外，另外還從法國、義大利引進並作為輕型攻擊機，直到1993年都有在使用。

內戰造成國內疲憊，空軍戰力也降低

蒲隆地國防軍 Burundi National Defense

蒲隆地國防軍中，有一支負責操作航空器規模200人的部隊，確切的部隊或組織名稱都不明。據説有配置用來運輸部隊的道格拉斯DC－3運輸機與Mi－8運輸直升機，但是從衛星照片來看，這10多年似乎都沒有運作的跡象，而是遭到棄置。據説2002年從烏克蘭購買Mi－24戰鬥直升機，但內戰爆發後的現況不明。除此之外，據説還配置各1至2架的SF.260P教練機、Cessna150教練機與SA342通用直升機。依此資訊看來，蒲隆地國防軍事實上可能並沒有實際的空軍戰力。

蒲隆地國防軍的SA316。
照片來源：Force of defense nationale Burubdi

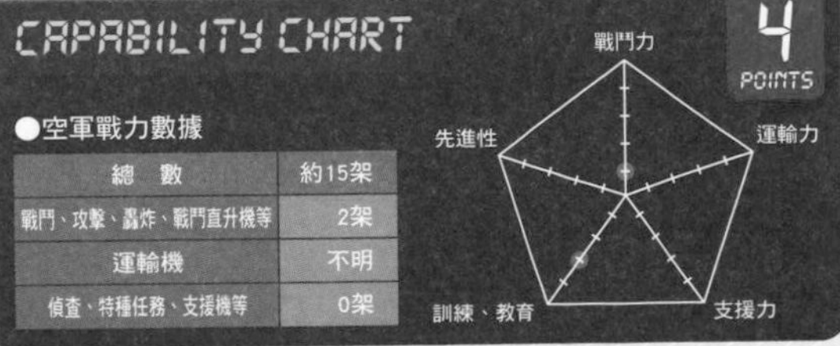

CAPABILITY CHART 4 POINTS

●空軍戰力數據

總　數	約15架
戰鬥、攻擊、轟炸、戰鬥直升機等	2架
運輸機	不明
偵查、特種任務、支援機等	0架

空軍冷知識

圖西族透過政變獲得政權後就與胡圖族爆發內戰，雙方在2006年同意停戰，因此胡圖族的武裝集團就被整編到國防軍與警察中，目前的狀況已穩定下來。

空軍冷知識

歐洲有很多老客機迷，90年代有不少老客機迷因為拍攝留在非洲各地的DC－3，因而遭到逮捕。

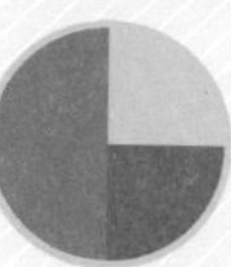

在比利時指導下重新訓練，另外配置罕見的觀測機

貝南軍 Benin Armed Force

貝南軍，是以約7000人正規士兵之地面戰力為主的軍隊。旗下有規模約250人的航空部隊，政權穩定下來之後，除了比利時軍的教育支援，另配置比利時軍曾配置的HS748運輸機與A109HO攻擊直升機各2架，除此之外的航空戰力還有1架AS350B通用直升機。在2011年時，配置了2架法國製的小型觀測機LH－10。到2005年為止，一直都有在使用的DC－3運輸機、Do28運輸機與DHC－6運輸機，目前似乎是棄置的狀態。

出售給貝南空軍的LH－10 Ellipse觀測機，本機搭載由法國的LH Aviation所開發的100匹馬力Rotax 4汽缸液冷引擎。
照片來源：Raymond Ngu

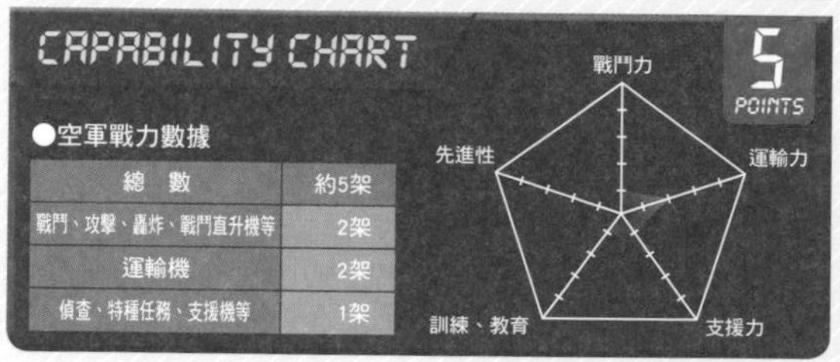

●空軍戰力數據

總　數	約5架
戰鬥、攻擊、轟炸、戰鬥直升機等	2架
運輸機	2架
偵查、特種任務、支援機等	1架

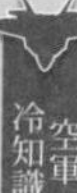

空軍冷知識

為了執行監視盜獵等之任務，波札那於2004年，自以色列購買3架Elbit公司製造的Hermes450無人偵察機。

必須執行保護非洲象不被盜獵的任務

波札那國防軍航空團 Botswana Defence Force Air Wing

波札那國防軍航空團，於1996年透過配置加拿大製造的13架F－5A／B戰鬥機（後來追加5架），將空軍戰力進行近代化的提升。雖然目前減少為11架，但剩餘的戰鬥機仍持續使用，F－5在波札那的名稱為BF－5。航空團的主要任務，是監視對非洲象等動物進行的盜獵行為，與威嚇盜獵犯人。以前曾經使用O－2 Birddog觀測機監視盜獵，但是已在2006年除役，目前使用AS350B通用直升機進行監視。最近配置了6架Pilatus PC－7Mk－II作為中級教練機使用，似乎還另外訂購了5架。

波札那國防軍配置了2架美國空軍之前曾使用過的C－130B運輸機。
照片來源：美國國防部

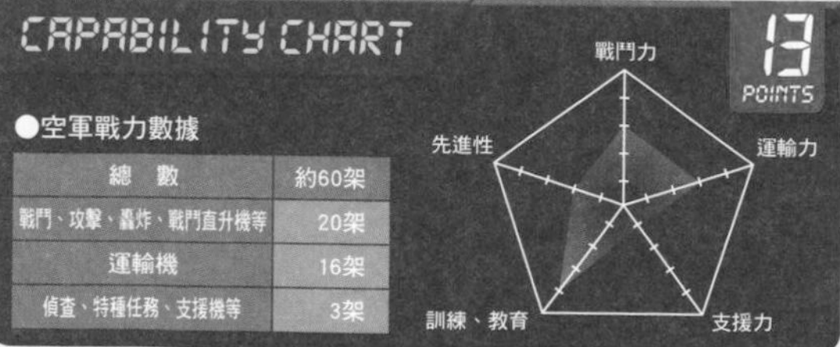

●空軍戰力數據

總　數	約60架
戰鬥、攻擊、轟炸、戰鬥直升機等	20架
運輸機	16架
偵查、特種任務、支援機等	3架

不需要戰鬥機的和平島國

馬達加斯加軍 Madagascan People's Armed Force

馬達加斯加軍於1978年時，配置從北韓與朝鮮購買的4架MIG－17戰鬥機與10架MIG－21戰鬥機。但是對周邊沒有敵人的島國來說，這些戰鬥機並沒有存在的價值，於是基於年久老舊等之原因，所有戰鬥機在1990年代初就不再運作與進行任務。

在這個時期輸入的1架An－26運輸機，目前可能還能夠運作。另外還輸入了幾架戰機，但是Cessna172、310、337、Peiper PA－23通用機與4架比利時軍曾配置的SA318通用直升機等，可能都已經無法運作。

2004年時，公開於Google Earth上的安塔那那利佛基地照片。可以看到An－26、Mi－8與SA318。 照片來源：節錄自Google Earth

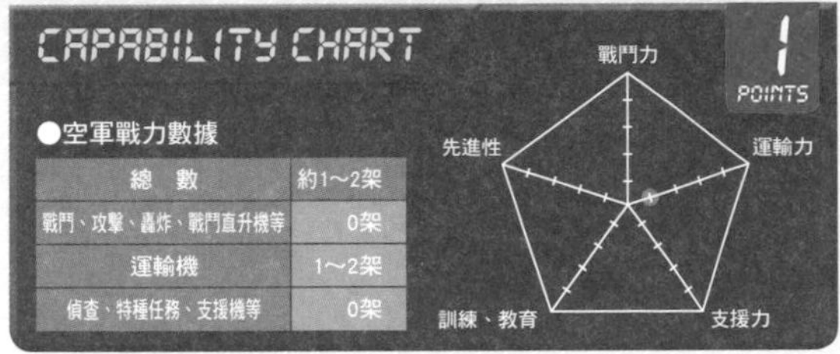

CAPABILITY CHART 1 POINTS

●空軍戰力數據

總　數	約1～2架
戰鬥、攻擊、轟炸、戰鬥直升機等	0架
運輸機	1～2架
偵查、特種任務、支援機等	0架

空軍冷知識

馬達加斯加軍作為政府專機使用的波音737，目前轉由民航公司馬達加斯加航空繼續使用。

用於空降作戰的小型運輸機

馬拉威國防軍航空隊 Malawi Defence Force Air Wing

馬拉威自1964年獨立之後，一黨獨大的政權狀態維持了30年，總統個人所擁有的直升機（機種不明）則交由軍隊負責運用。1976年在德國的支援下，成立正規航空隊，並將Donyell Do27運輸機與Do228運輸機用來運輸空降部隊。另外還配置2架，將DC－3的引擎進行換裝的BT76運輸機，但這2架運輸機在2001年被售出。

目前可能保有2架左右的Do228，另外可能還保有1～2架SA330運輸機與AS365通用直升機等戰機。

2005年，於首都里郎威機場被拍攝到的Donyell Do228－202K運輸機。 照片來源：Andy Pope

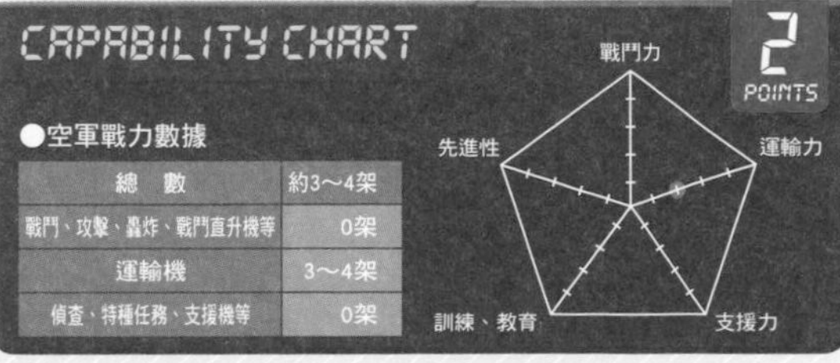

CAPABILITY CHART 2 POINTS

●空軍戰力數據

總　數	約3～4架
戰鬥、攻擊、轟炸、戰鬥直升機等	0架
運輸機	3～4架
偵查、特種任務、支援機等	0架

空軍冷知識

1986年與2002年，作為VIP專機的BAe125－800B，從英國被運送到馬拉威，其中1架被出售，另一架則作為總統專機使用。

2012年的內亂與政變由法軍鎮壓

馬利空軍

Mali Air Force

空軍冷知識

2012年發生動亂時，法軍駐紮在馬利，空軍更派遣由6～8架幻象2000戰鬥機組成的部隊駐紮在馬利。

2007年，於保加利亞Graf Ignateivo機場被拍攝到的馬利空軍Mi－24D。 照片來源：Anton Balakcgiev－BGspotters

馬利空軍成立於1961年，當時在法國與蘇聯的支援之下，配置MIG－15與MIG－17。可執行防空任務與地面攻擊任務的MIG－21戰鬥機，在90年代前輸入超過14架，但目前可能只剩下不到10架可運作。

2007年起，配置2架Mi－24D（其中1架墜毀），據說還配置3架BT－76運輸機與2架An－24運輸機，用來運輸部隊。

2012年因敘利亞內戰，使得包含具有強大戰鬥力圖阿雷格族在內的阿扎瓦德民族解放陣線（MNLA）因此進入馬利，並在馬利北部的阿扎瓦德地區佔領馬利軍基地，並發表成立阿扎瓦德共和國的獨立宣言。

應鎮壓動亂的馬利軍內部，對武器不足這一點感到不滿，因此一部分的部隊強行發動政變。後來法軍駐紮馬利國內，並促使新政權誕生，目前的局勢已經穩定下來。馬利空軍在這場動亂中的活動狀況，目前還不明瞭。

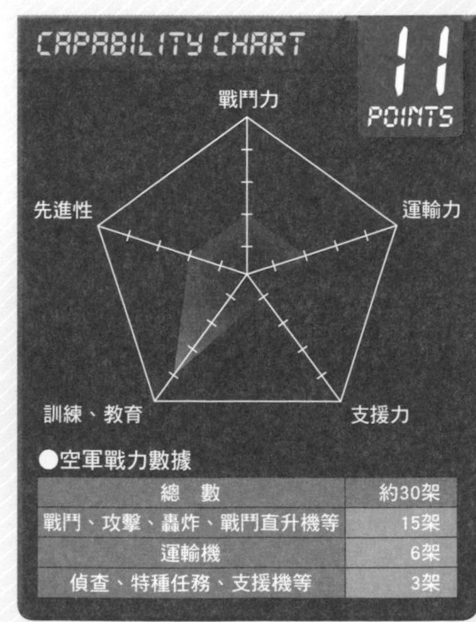

●空軍戰力數據

總　數	約30架
戰鬥、攻擊、轟炸、戰鬥直升機等	15架
運輸機	6架
偵查、特種任務、支援機等	3架

配置Gripen來代替國產的Cheetah戰鬥機

南非空軍

South African Air Force

南非空軍的BAe Hawk Mk.120雖然是高級練習機，但主翼上的掛點卻能夠掛載各種武器。

照片來源：南非空軍

南非空軍從2006年起，開始配置17架JAS39C戰鬥機與9架雙座型的JAS39D，另外還配置24架Hawk Mk.120攻擊・教練機。

南非空軍自1920年成立以來，參與了第二次世界大戰、柏林空運行動、韓戰與南非國境戰爭。在國境戰爭中，幻象F1至少擊落2架安哥拉的MIG－21。

在南非因實施種族歧視政策，而遭到國際武器禁運措施制裁，當各國都與南非保持距離時，南非確在以色列的協助之下，以IAI Kfir戰鬥機為基礎，由國內的Atlus公司研發出Cheetah戰鬥機。南非空軍一直好好的維護能夠對抗安哥拉的MIG戰鬥機，並且運用36架Cheetah到2012年為止。

自1978年到1993年之間，南非保有6枚18千噸級（編註：指核武爆炸後釋放之能量，常見的單位為千噸（kt）與百萬噸（Mt）。）的戰術核武，而且可掛載在Canberra b（I）Mk.12轟炸機與Buccaneer S.50攻擊機上，不過目前的南非是沒有核武的。

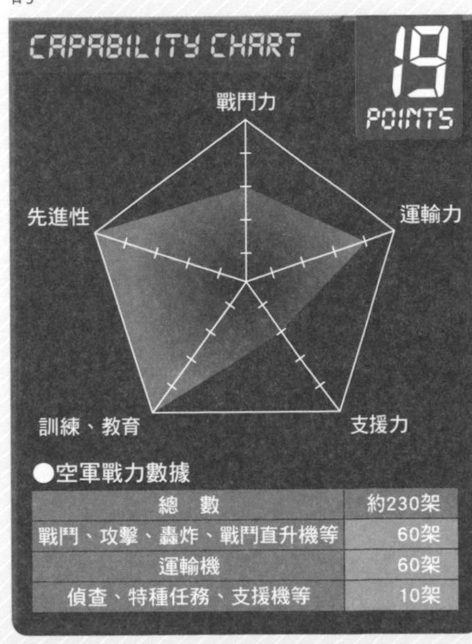

●空軍戰力數據

總　數	約230架
戰鬥、攻擊、轟炸、戰鬥直升機等	60架
運輸機	60架
偵查、特種任務、支援機等	10架

空軍冷知識

韓戰時，南非空軍的F－51D戰鬥機部隊，曾駐紮於日本埼玉縣的Johnson（現在的入間基地）。戰機需維修時，就被送往愛知縣的三菱重工進行維修。

空軍冷知識

至2014年為止，共有55個國家的軍隊，派部隊參與聯合國南蘇丹特派團（UNMISS）。

於2011年成立，是世界上歷史最短的空軍

南蘇丹空軍 South Sudan Air Force

在南蘇丹還未獨立的2009年，當時美國空軍的特種作戰學校，在南蘇丹進行特種作戰的航空器運用訓練。到2013年為止，已經在朱巴機場內配置了1架Beechcraft1900聯絡機、9架Mi－17V－5運輸直升機與1架Mi－172運輸直升機。因美國空軍特種作戰群配置許多的Mi－8／17來支援三角洲特種部隊與CIA的特工，因此有可能也對蘇丹陸軍進行反恐作戰訓練。另外，據説還配置了2架Mi－24戰鬥直升機，但不確定這個情報是否正確。

2011年7月9日，於獨立紀念典禮上，飛過觀禮台的南蘇丹陸軍Mi－17運輸直升機。 照片來源：AFP＝時事

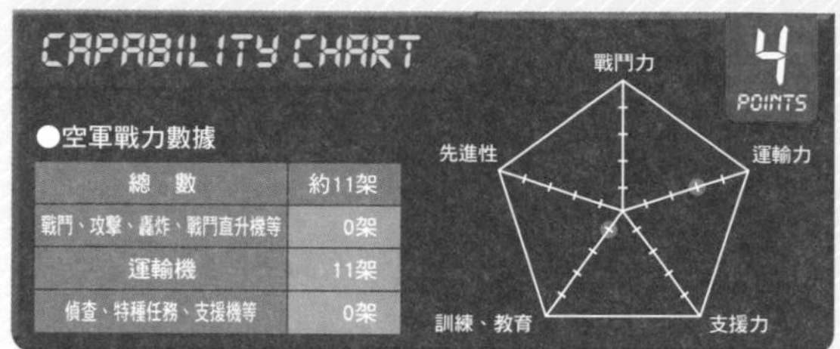

●空軍戰力數據

總　數	約11架
戰鬥、攻擊、轟炸、戰鬥直升機等	0架
運輸機	11架
偵查、特種任務、支援機等	0架

Air Force Column 參加聯合國維和部隊的戰鬥直升機

説到聯合國的戰機，大家都會想到在運輸機或運輸直升機的機體上，塗上白色並且加上「UN」文字的機體，但是為了確保工作人員的安全，有時候會派遣在執行警戒監視任務時，能夠發揮強大戰力的戰鬥直升機Mi－24 Hind加入聯合國維和部隊。到目前為止，烏克蘭軍的數架Mi－24皆曾加入聯合國東斯拉沃尼亞、巴拉尼亞和西錫爾米烏姆過渡行政當局（UNTAES）。俄羅斯空軍的數架Mi－24也曾經加入過聯合國獅子山特派團（UNAMSIL，1999年～2005年）；而印度空軍的數架Mi－25也曾加入聯合國駐剛果特派團（MONUC，2000年起，目前持續中）；烏克蘭空軍的數架Mi－24也加入過聯合國賴比瑞亞特派團（UNMIL，2003年起，目前持續中）。

參與聯合國賴比瑞亞特派團UNMIL的烏克蘭空軍Mi－24戰鬥直升機。 照片來源：UNMIL

2012年，獲得引頸期盼的地面攻擊機

茅利塔尼亞空軍 Mauritania Air Force

茅利塔尼亞空軍成立於1960年，當時配置C－47運輸機與MH1521 Broussard運輸機，70年代時則配置了BN－2A Defender運輸機，這些運輸機在西撒哈拉戰爭中，被用來執行運輸部隊與觀測的任務。目前似乎還配置1～2架BN－2A。1978年時，曾計畫從阿根廷購買Pucara攻擊機，但因爆發政變而被迫放棄。2012年時，終於獲得Embraer A－29N Super Tucano攻擊機。曾經從中國輸入的運－12、運－7等運輸機，可能因為意外等狀況而損失。

出售給茅利塔尼亞空軍的A－29B Super Tucano輕形攻擊機。
照片來源：Julian Herzog

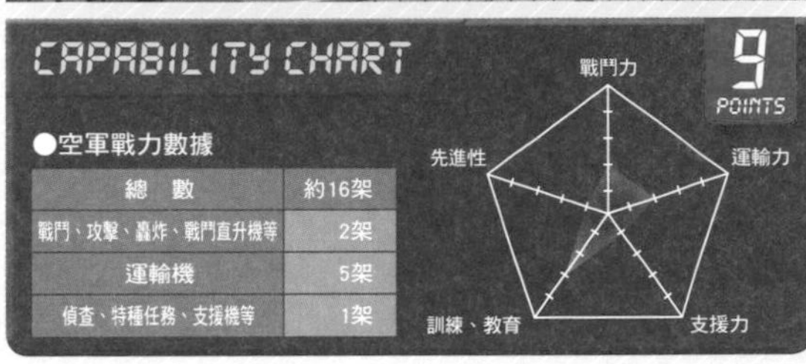

●空軍戰力數據

總　數	約16架
戰鬥、攻擊、轟炸、戰鬥直升機等	2架
運輸機	5架
偵查、特種任務、支援機等	1架

空軍冷知識

茅利塔尼亞在西撒哈拉戰爭（1975～1991）期間，只在開戰後的前4年參戰。目前保持非同盟中立的立場，但是在2009年時，茅利塔尼亞與以色列之間的關係變差。

2014年，MIG－21遭到德國扣押

莫三比克空軍 Mozambique Air Force

1975年成立後，從蘇聯輸入約100架的MIG－15、MIG－17、MIG－21等戰鬥機，至2000年為止都已除役。但有6架MIG－21bis與MIG－21UM決定在羅馬尼亞的Aero Star公司，進行升級改造與飛行員訓練。至2014年為止，完成改造的3架戰鬥機，已陸續透過鐵路運回國內。但是在經過德國時，因準備過境的資料不齊全，導致涉嫌違反軍備管理法而遭到扣押，目前還留在港口。因莫三比克是大英國協成員，與歐洲外交情況也處於良好狀態，因此希望德國能夠歸還這些戰機。空軍目前的戰鬥力，只有2架Mi－24戰鬥直升機。

莫三比克空軍的FTB－337G通用機，在葡萄牙的協助之下，進行初級教育訓練。
照片來源：FAP－DCSI

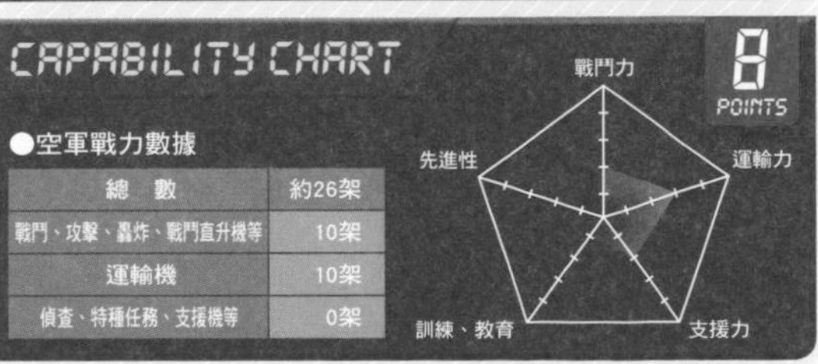

●空軍戰力數據

總　數	約26架
戰鬥、攻擊、轟炸、戰鬥直升機等	10架
運輸機	10架
偵查、特種任務、支援機等	0架

空軍冷知識

各國的MIG－21大多都已經到了使用年限，Aero Star公司與以色列的Elbit公司等企業，陸續支援這些戰機的維修工作。

維持西非最強大的空軍戰力

摩洛哥空軍

Royal Moroccan Air Force

空軍冷知識

提供電影「黑鷹計畫」拍攝場地的軍隊，就是摩洛哥空軍，在電影中可以看到摩洛哥空軍的C－130H與美軍的特種作戰機停在一起。

摩洛哥空軍的幻象F.1CH戰鬥機，部分戰機已經將性能提升為MF2000樣式。 照片來源：Aminovich

摩洛哥空軍具備西非最強大的戰鬥力，戰鬥機一共配置了24架F－16C／D（Blk.52）、約20架F－5B／E／F與24架Alphajet E輕形攻擊機。而之前配置的24架SA342通用直升機，都已經改裝成攻擊機樣式。

較為老舊的30架幻象F－1戰鬥機中，有一部分改造成換裝引擎與電子儀器的Mirage MF2000樣式。摩洛哥空軍在1956年成立後，參與過同阿爾及利亞爆發的沙地戰爭（1963年）、贖罪日戰爭（1973年）等戰爭，而F－5戰鬥機曾經擊落以色列的幻象III。

在西撒哈拉戰爭（1975～1991）中，因摩洛哥未承認已經獲得世界上85個國家承認獨立（日本未承認）的阿拉伯撒哈拉民主共和國，因此空軍戰機出動攻擊阿拉伯撒哈拉的軍事組織——西撒哈拉人民解放陣線。但是在這場戰爭中，摩洛哥空軍的F－5戰鬥機遭到防空飛彈擊落，雙方目前處於停戰狀態。

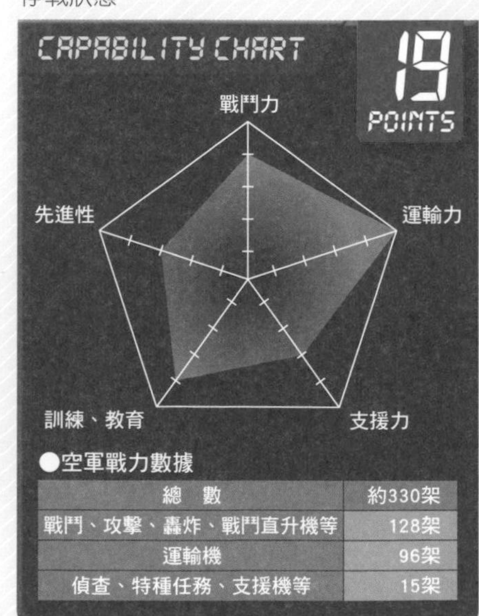

●空軍戰力數據

總　數	約330架
戰鬥、攻擊、轟炸、戰鬥直升機等	128架
運輸機	96架
偵查、特種任務、支援機等	15架

經歷政變後，於2011年成立新生空軍

利比亞空軍

Libyan Air Force

利比亞配置38架幻象F.1BD／AD／ED，目前保有2架，照片中的戰機是使用舊塗裝的F.1BD。 照片來源：柿谷哲也

利比亞配置370架戰鬥機，並且在阿拉伯國家之間的戰爭中發揮影響力。在六日戰爭中，曾派遣飛行員加入埃及空軍；在贖罪日戰爭中，派遣幻象V戰鬥機部隊前往埃及，當時利比亞的空軍戰力影響到整個戰況。

4年後，利比亞與埃及爆發戰爭，雖然在3天之內，擊落4架埃及的MIG－21戰鬥機與2架Su－20戰鬥機，但也損失了20架幻象V與1架MIG－23MS戰鬥機。在烏干達・坦尚尼亞戰爭中，為了支援烏干達而出動Tu－22轟炸機進行轟炸。

在查德・利比亞戰爭中，雖然空軍發動總攻擊，但前線基地卻遭到支援查德的法國空軍戰機破壞等而造成28架戰機的損失。2011年的政變，導致政權落入反政府勢力手中，利比亞空軍也變成「自由利比亞空軍」，後來又將稱改回來。目前利比亞空軍只剩下為數不明的幾架MIG－21，以及50架幻象F1等戰機。

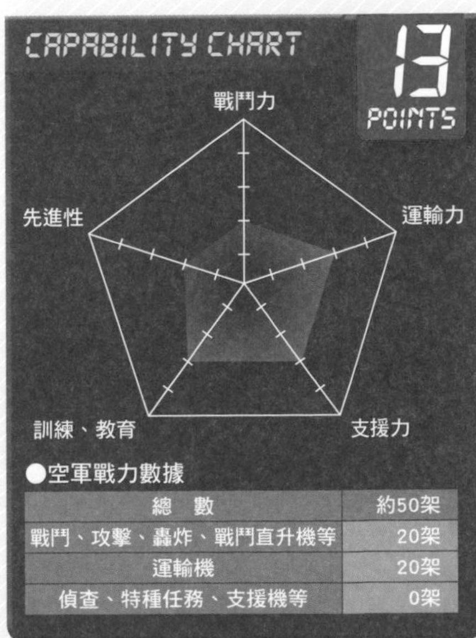

●空軍戰力數據

總　數	約50架
戰鬥、攻擊、轟炸、戰鬥直升機等	20架
運輸機	20架
偵查、特種任務、支援機等	0架

空軍冷知識

1981年，美國海軍的F－14 Tomcat戰鬥機，在錫德拉灣上空擊落2架利比亞空軍的Su－22，另於1989年擊落2架MIG－23。

Air Force Column

全世界在利比亞政變中展現出來的空軍戰力

從2011年2月中旬起，陸續出現批評利比亞領導人格達費的聲浪，與要求格達費下台的遊行，當時利比亞政府為了維持治安而動員軍隊。政府雖然下令利比亞空軍戰機攻擊民眾，但空軍內部也發生了MIG－23的飛行員違反攻擊命令，而將炸彈投在沙漠的事件，以及駕駛幻象F1ED的2名飛行員亡命國外等混亂狀況。於是利比亞空軍對國外的戰鬥機傭兵飛行員進行招募，並成功的從敘利亞等國招募到幾十名飛行員。

另一方面，聯軍決定依照聯合國決議，進行軍事介入。於是美國、比利時、加拿大、法國、丹麥、荷蘭、希臘、義大利、挪威、土耳其、阿拉伯聯合大公國UAE、約旦、卡達、瑞典等國的戰鬥機，陸續集結在地中海沿岸。此時士氣低落的利比亞空軍，並沒有立刻跟聯軍展開空戰，於是聯軍立即攻擊利比亞的基地，讓利比亞空軍毀滅。在這場戰爭中，英國空軍的Eurofighter、瑞典的Gripen、美國海軍的EA－18G Growler均在這次的攻擊中，獲得第一次實戰經驗。在集結的80架F－16中，相當於最新型Blk.60的UAE空軍F－16E以及希臘空軍的F－16C Blk.52也都參與於戰爭之中。

除此之外，美國空軍的A－10攻擊機也是第一次實施反艦攻擊任務。另一方面，也發生了F－15E戰鬥機墜毀在利比亞境內的事件，當時是由海軍陸戰隊的MV－22B Osprey進行搜索救難的任務。利比亞戰爭是近年來，難得有先進國家的空軍戰力集結後發動攻擊的一場戰爭。

2009年，停放於米堤加基地的Su－22M，幾乎所有的機體都被聯軍戰機摧毀。 攝影：柿谷哲也

雖然是小規模空軍，但依舊以直升機支援聯合國的活動

盧安達空軍 Rwanda Air Force

盧安達空軍曾經參加過盧安達內戰、第一次&第二次剛果戰爭與基桑加尼六日戰爭。2009年，為了支援剛果民主共和國軍，盧安達軍的Mi－24／35戰鬥直升機，對剛果民主共和國東部的基伍省實施地面攻擊。另外在2010年，蘇丹的達佛紛爭中，沒有軍用運輸機的盧安達軍，為了運輸部隊而徵用了民間的航空器。最近為了支援參與聯合國維持達佛治安活動的印度陸軍，而派遣5架Mi－17運輸直升機加入聯合國的非洲聯盟達佛特派團UNAMID。

盧安達空軍的Mi－17：低視度的三色迷彩非常的罕見。
照片來源：美國陸軍

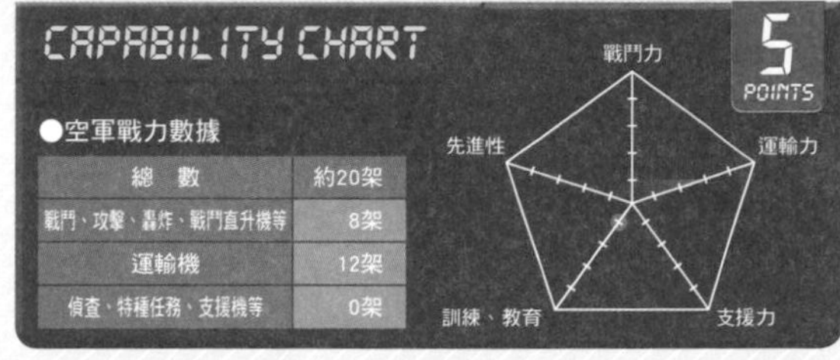

●空軍戰力數據

總　數	約20架
戰鬥、攻擊、轟炸、戰鬥直升機等	8架
運輸機	12架
偵查、特種任務、支援機等	0架

空軍冷知識

2014年，駐紮於南蘇丹的韓國陸軍，在提出請日本提供槍枝彈藥之要求的同時，也對盧安達空軍提出供應Mi－17的要求。

受擁有強大空軍戰力的南非保護，因此本身沒有戰鬥力

賴索托國防軍航空隊 Lesotho Defence Force Air Squadron

賴索托皇家國防軍航空團於1978年時，在西德的援助之下，以配置利比亞空軍曾配置的Mi－2通用直升機等戰機的警察機動隊為核心成立。飛行員的訓練工作等事務是在西德進行，當時配置Bo105通用直升機。在定翼機使用方面，以Cessna182通用機訓練飛行員，並配置CASA C212運輸機等戰機。目前配置2架C212、2架貝爾412通用直升機、2架Bo105LSA－3、1架貝爾206，以及1架由澳大利亞的Ships land所研發的GA8通用機，而整體國防則是仰賴南非的支援。

賴索托國防軍的GA8通用機：在全世界的軍隊中，目前只有賴索托國防軍採用這種通用機。
照片來源：RLDF

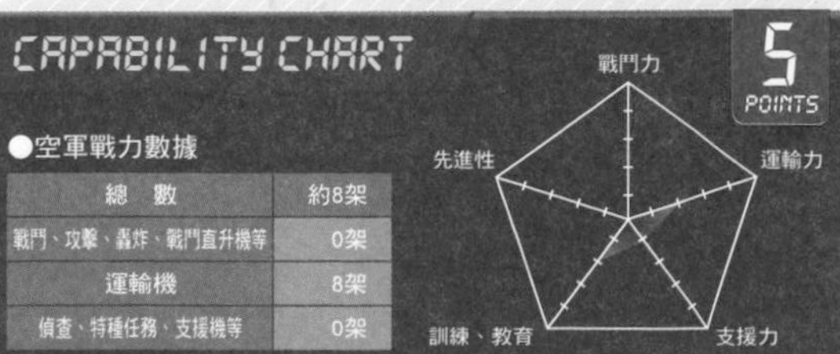

●空軍戰力數據

總　數	約8架
戰鬥、攻擊、轟炸、戰鬥直升機等	0架
運輸機	8架
偵查、特種任務、支援機等	0架

空軍冷知識

旅客似乎能夠租下國防軍的直升機，到著名的塞赫拉巴泰貝國家公園觀光。

★★★★★ 這就是目前世界的空軍戰力排行榜！

以各機種的配置數量來看，果然是美國、中國、俄羅斯等大國比較突出。令人意外的是日本在軍機配置數量上排名，居然位居第4名，而在偵查、特種任務機配置數量上排名高居第2名。

陸、海、空軍軍機數量前10名

排名	國名	總數	佔有率
1	美國	13940	27%
2	俄羅斯	2855	6%
3	中國	2731	5%
4	日本	1667	3%
5	印度	1591	3%
6	韓國	1451	3%
7	法國	1191	2%
8	埃及	1156	2%
9	土耳其	1146	2%
10	英國	1063	2%
	其他	22991	44%
	合計	51782	100%

陸、海、空軍戰鬥機・戰鬥直升機配置數量前10名

排名	國名	總數	佔有率
1	美國	2851	18%
2	中國	1455	9%
3	俄羅斯	1372	9%
4	印度	614	4%
5	北韓	574	4%
6	敘利亞	480	3%
7	埃及	457	3%
8	韓國	430	3%
9	巴基斯坦	361	2%
10	土耳其	331	2%
	其他	6643	43%
	合計	15568	100%

陸、海、空軍偵查・特種任務機配置數量前10名

排名	國名	總數	佔有率
1	美國	758	41%
2	日本	164	9%
3	俄羅斯	74	4%
4	印度	61	3%
5	中國	53	3%
6	巴西	52	3%
7	英國	43	2%
8	西班牙	42	2%
9	印尼	39	2%
10	以色列	34	2%
	其他	538	29%
	合計	1858	100%

各類型戰鬥機被配置數量前10名

排名	國名	總數	佔有率
1	F-16	2309	15%
2	F-18	1005	6%
3	F-15	870	5%
4	MIG-29	856	5%
5	MIG-21	793	5%
6	Su－27 / 30 / 35	791	3%
7	F-5	521	3%
8	Su-25	487	3%
9	Su-24	473	3%
10	F-4	450	3%
	其他	7013	45%
	合計	15568	100%

各類型運輸機被配置數量前10名

排名	國名	總數	佔有率
1	C-130	1131	22%
2	KC-135/707	470	9%
3	B300/350	269	5%
4	C-17	246	5%
5	An-24/26	221	4%
6	CN235	219	4%
7	Il-76/78	165	3%
8	An-30/32	152	3%
9	C160	127	2%
10	C208	111	2%
	其他	2034	40%
	合計	5145	100%

各類型軍用直升機被配置數量前10名

排名	國名	總數	佔有率
1	S-70-H-60	3,342	18%
2	Mi-8/17/171	2,328	12%
3	UH-1	1,509	8%
4	Mi-24/25/35	987	5%
5	AH-64	956	5%
6	CH-47	904	5%
7	OH-58	773	4%
8	Bell212/413	661	4%
9	MD500	633	3%
10	AH-1	541	3%
	其他	6,052	32%
	合計	18,686	100%

參考：Flighglobal / FLIGHT INTERNATIONALWORLD AIR FORCES 2013

照片來源：多明尼加共和國空軍

Section6

全球164國空軍戰力完整絕密收錄

中美洲

留下歷史上，活塞引擎戰鬥機最後的空戰記錄

薩爾瓦多空軍

Salvadoran Air Force

空軍冷知識

在足球戰爭中（編註：又稱一百小時戰爭，是1969年時薩爾瓦多與宏都拉斯之間爆發的6日戰爭。而足球與這場戰爭之間幾乎沒有任何的關連，1970年的世界杯足球賽只是個引爆點。），雖然空軍戰力屈居劣勢，但薩爾瓦多空軍還是發動攻勢，並在空戰中損失3架戰機。之後空軍戰力因1979年到1992年之間爆發的激烈內戰而迅速降低。

2012年，於勝薩爾瓦多機場被拍攝到的A－37B輕形攻擊機。　照片來源：Nelson Mejia－HN Spotters

薩爾瓦多空軍主要戰力，是9架A－37B輕形攻擊機，另外還將8架MD500E通用直升機改裝為攻擊機樣式。陸軍雖配置BT－76運輸機與IAI Arava運輸機，但相對於陸軍的整體規模來看，這樣運輸力配置相對較低。薩爾瓦多空軍於1923年以陸軍航空隊的名義成立，並於1947年升格為空軍。在美國援助之下，長年以美國在第二次世界大戰時，所使用過的F4U－5 Corsair戰鬥機與P－51D Mustang為主力。1963年與宏都拉斯因世界盃足球賽的預賽，而爆發戰爭（足球戰爭），當時薩爾瓦多空軍派遣由C－47運輸機改造成的轟炸機，與護航的F－51D戰鬥機、F4U（FG－1D）戰鬥機等6架戰機，前往宏都拉斯的機場、軍事設施等十幾個目標進行轟炸，成功先發制人，但後來卻遭到宏都拉斯同樣以轟炸方式進行反擊。

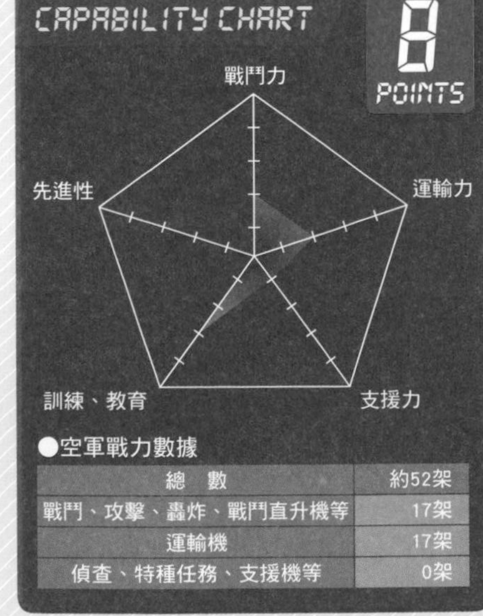

●空軍戰力數據

總　數	約52架
戰鬥、攻擊、轟炸、戰鬥直升機等	17架
運輸機	17架
偵查、特種任務、支援機等	0架

擁有中美洲最強大戰鬥力的空軍

古巴革命航空及防空軍

Cuban Revolutionary Air and Air Defense Force

由亡命到美國的軍人，所駕駛隸屬於古巴空軍的MIG－21。 照片來源：美國國防部

古巴空軍於1960年代配置70架MIG－15戰鬥機、100架MIG－17戰鬥機與12架MIG－19，空軍戰鬥力堪稱中美洲最強大，後來汰換成約270架的MIG－21戰鬥機。

在贖罪日戰爭中，雖然古巴空軍只派遣直升機飛行員前往埃及停留，但是在1975年的安哥拉內戰中，則是派遣MIG－23戰鬥機與Mi－24戰鬥直升機，前去攻擊南非軍據點。MIG－21戰鬥機的飛行員，也曾被派遣去支援安哥拉空軍，古巴對安哥拉的支援，一直持續到2002年為止。

除此之外，古巴革命軍也參加了薩爾瓦多內戰、尼加拉瓜內戰、入侵格瑞那達等國外的戰爭，但空軍戰機是否在這些戰鬥中有任何活動，相關訊息目前並不清楚。

古巴目前配置12架MIG－21、24架MIG－23，原本配置16架的MIG－29戰鬥機，目前可能只剩下3架，而配置的25架的Mi－24戰鬥直升機，則可能只剩下4架。另外還使用25架L－39進行輕形攻擊與訓練。

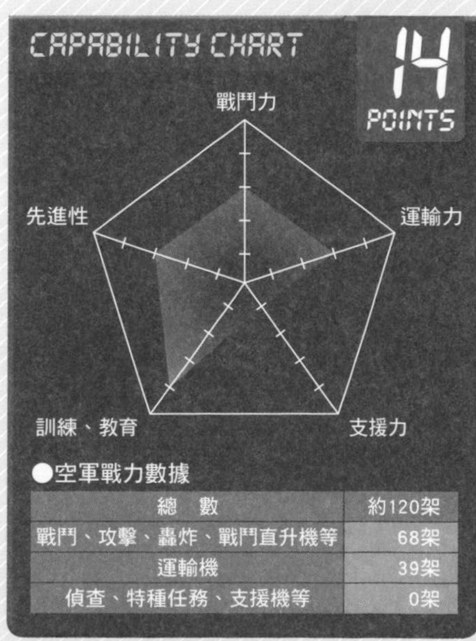

●空軍戰力數據

總　數	約120架
戰鬥、攻擊、轟炸、戰鬥直升機等	68架
運輸機	39架
偵查、特種任務、支援機等	0架

空軍冷知識

因古巴的地勢接近美國國境，因此曾經發生過古巴空軍的戰鬥機，擊落美方誤闖古巴領空的民用小型飛機等事情。

雖然與貝里斯之間存在領土問題，但空軍戰力遠勝對方

瓜地馬拉空軍

Guatemalan Air Force

於2010年被拍攝到的瓜地馬拉空軍A－37B輕形攻擊機。 照片來源：Carlos Alberto Rubio Herrear

空軍冷知識

1970年代，在曾叢林裡的祕密基地配置Mustang戰鬥機，就位於現在的蒂卡爾遺跡內，而跑道就被作為遊客的觀光景點。

當與瓜地馬拉之間，存在領有權問題長達200年的貝里斯，在1970年代有機會脫離英國獨立時，瓜地馬拉空軍就派遣7架F－51 Mustang戰鬥機，駐紮在建設於貝里斯國境叢林內的基地。當時還以C－47運輸機，運輸空降部隊前往國境處空降。另外還派遣T－33教練機實施越境偵察，雖然當時英國增派兵力，但兩國並未交戰。

另外，瓜地馬拉國內陷入內戰，到1996年為止，國內情勢一直持續著不穩定的狀態，空軍戰力也因此跟著損耗。雖然在1991年時承認鄰國貝里斯獨立，但領土問題卻還沒有解決。目前配置3架A－37B輕形攻擊機與2架PC－7教練機改造而成的輕形攻擊機。

今後預定要配置3架EMB－314輕形攻擊機，其他的軍用機，幾乎都是用來支援陸軍直升機空降的機種，有10架UH－1H直升機與4架支援空降用的BT－67運輸機及1架IAI Arava201運輸機。

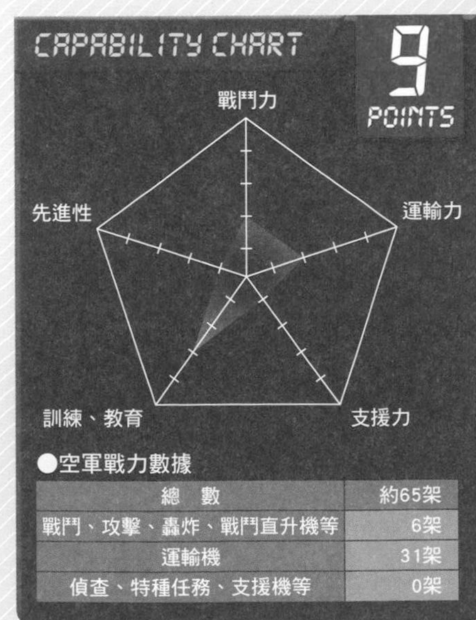

●空軍戰力數據

總　數	約65架
戰鬥、攻擊、轟炸、戰鬥直升機等	6架
運輸機	31架
偵查、特種任務、支援機等	0架

與戰爭無緣的軍隊，開始執行新的任務

牙買加國防軍航空團 Jamaica Defence Force Air Wing

牙買加是中美洲加勒比海國家中，最早脫離英國獨立的國家。1963年成立牙買加國防軍，這時候就組織了由定翼機隊和直升機隊這2個飛行隊組成的航空團。牙買加周圍的國家對牙買加不具備敵意，因此使得牙買加的國防軍航空團不需具有戰鬥力。航空團自成立以來，都未曾配置具有戰鬥力的戰機，而是貫徹運輸支援任務。

2012年，針對加勒比海各國的空軍，成立了配置奧地利製DA40、DA42與貝爾206通用直升機的飛行學校。航空團除上述任務之外，還包含了漁業監視、搜索救難、監視毒品交易等任務。

牙買加空軍的DA42教練機。　照片來源：JDF

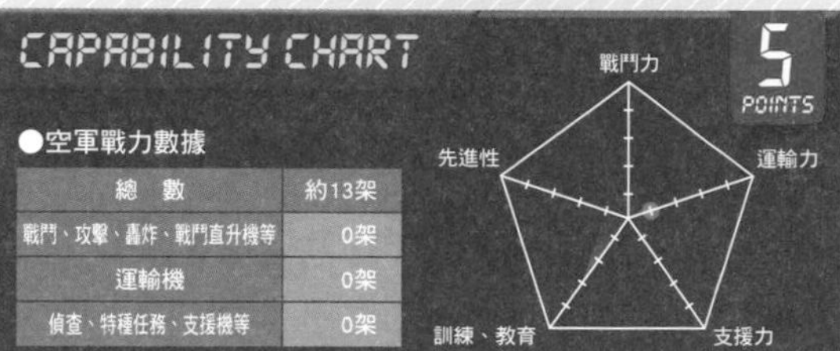

●空軍戰力數據

總　數	約13架
戰鬥、攻擊、轟炸、戰鬥直升機等	0架
運輸機	0架
偵查、特種任務、支援機等	0架

空軍冷知識

牙買加國防軍航空團所配置的BN－2A運輸機與Cessna210通用機可能已經除役，DA40就是目前唯一的定翼機。

Air Force Column

原本是負責7個小國防空安全的航空隊

巴貝多國防軍

Barbados Defence Force

面積相當於日本種子島的小島——巴貝多，於1902年成立巴貝多連隊，並在1979年時升格為國防軍，當時配置2架美國空軍曾配置的C－26 Metro運輸機，在1985年時就配置了Cessna402C通用機。這支部隊，被周圍7個沒有航空戰力的國家（巴貝多、安地卡及巴布達、多米尼克、格瑞那達、聖克里斯多福與尼維斯、聖露西亞、聖文森及格瑞那丁）運用在彼此所共同負擔之警衛事業的地區安全保障系統（RSS）上。

Metro於2003年除役，Cessna402則是處於保管狀態，已經有一段時間都沒有飛行，因此RSS的航空戰力，事實上似乎已經沒有在運作。

在美國援助下，配置許多美國陸軍的舊戰機

多明尼加共和國空軍

Dominican Air Force

空軍冷知識

有許多P－51 Mustang戰鬥機被輸出到中美洲，這些戰鬥機除役之後，有許多架被美國的業者買下送回美國本土，整修重生成可以再次飛行。

機鼻被畫上鯊魚嘴的多明尼加共和國空軍EMB314（A－29B）輕形攻擊機。 照片來源：多明尼加共和國空軍

多明尼加共和國空軍在1948年到1984年之間，於美國政府的援助之下，配置美國陸軍與瑞典空軍早期使用過的P－51D Mustang戰鬥機。接下來又從瑞典空軍輸入25架Vampire F.1戰鬥機。雖然在內戰的混亂期間空軍戰力也減弱過，但這些戰機持續使用到70年代中期，在預算較少的時期，則是一直維持著沒有主要攻擊力的狀態。

1984年起，配置8架A－37B輕形攻擊機，這些戰機使用到2002年；2008年起，則開始配置Super Tucano AT－29B輕形攻擊機。

被作為偵察及聯絡直升機使用的10架OH－58A Kiowa，雖然是美國陸軍曾使用的直升機，但有一部分是名稱為CH－136的加拿大軍的舊直升機。

多明尼加共和國空軍所配置的UH－1H通用直升機，都是之前美國陸軍的直升機。目前多明尼加共和國的周圍並沒有敵人，因此空軍可能暫時不會有任何活動。

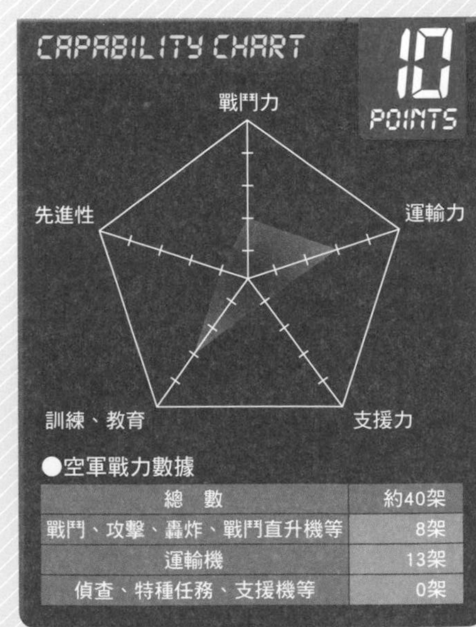

●空軍戰力數據

總　數	約40架
戰鬥、攻擊、轟炸、戰鬥直升機等	8架
運輸機	13架
偵查、特種任務、支援機等	0架

透過裝備最新的AW139，重新整編直升機部隊

千里達及托巴哥航空警衛隊 Trinidad and Tobago Air Guard

千里達及托巴哥國防軍的旗下有航空警衛隊，原本是使用Cessna337A通用機執行海上監視任務等任務，但後來就汰換成Swearingen C－26A。另一方面，在汰換掉Bo105CBS通用直升機後，雖然改配置了S－76A通用直升機，但直升機部隊卻在1999年成為與民間企業簽訂合作協議的合資公司。因此，國防軍決定另行配置4架算是目前世上最新型的AW139通用直升機，作為海上救難任務中不可或缺的救難機，並再配置1架PA31通用機與1架Cessna310通用機。

千里達及托巴哥航空警衛隊的AW139。 照片來源：TTDF

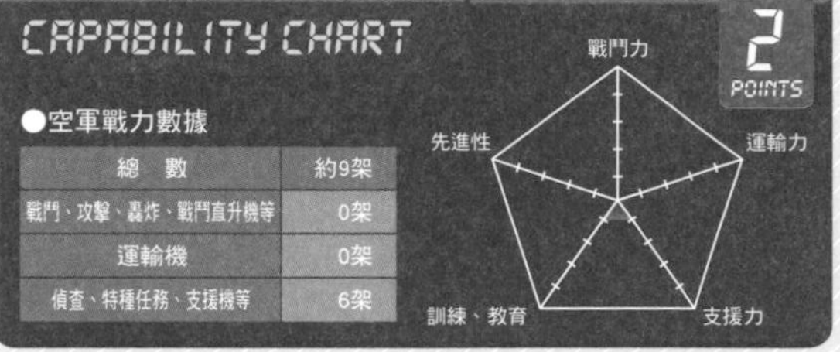

●空軍戰力數據

總　數	約9架
戰鬥、攻擊、轟炸、戰鬥直升機等	0架
運輸機	0架
偵查、特種任務、支援機等	6架

空軍冷知識 千里達及托巴哥航空警衛隊的Agusta Westland AW139，是配置了救難搜索器材的最新機型，為加裝了電子儀器的機鼻加長型。

經歷革命而成為新生空軍，卻仍舊充滿謎團

尼加拉瓜空軍 Nicaraguan Air Force

成立於1938年，並配置Grumman FF－1戰鬥機與P－51戰鬥機等戰機的尼加拉瓜國防空軍，在經歷多次的組織改編後，於1950年成為尼加拉瓜空軍（Air Force of Nicaraguan），當時配置了B－26 Michell轟炸機等戰機，可說是中美洲規模最大的空軍，但是在桑地諾民族解放陣線發動革命成功後，就改組為桑地諾空軍。這時候在蘇聯的支援之下，配置Mi－24戰鬥直升機，後來於1990年更改名稱為尼加拉瓜空軍（Nicaraguan Air Force）。Mi－24似乎已經除籍，目前戰鬥機的主力是Mi－8。

2006年時被拍攝到的尼加拉瓜空軍Mi－8MT，這是加上掛載武器掛點的攻擊機型。 照片來源：Mario Nonaka

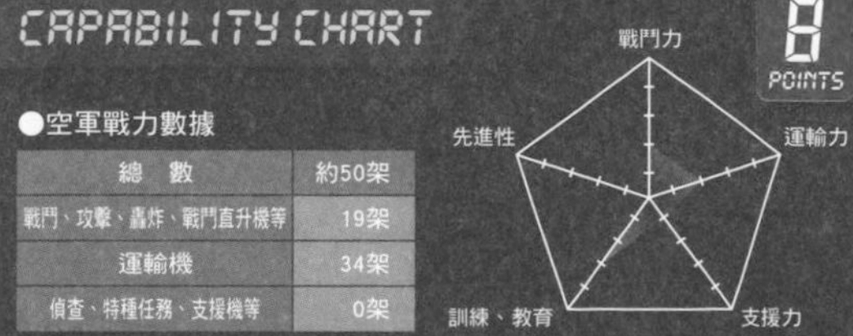

●空軍戰力數據

總　數	約50架
戰鬥、攻擊、轟炸、戰鬥直升機等	19架
運輸機	34架
偵查、特種任務、支援機等	0架

空軍冷知識 在桑地諾民族解放陣線執政時代，當時受到美國CIA支援的武裝組織Contra，曾以火箭等武器擊落桑地諾空軍的戰機。

空軍冷知識

到1999年為止，美國空軍將巴拿馬城附近的哈瓦德空軍基地作為防衛巴拿馬運河的據點，並讓F-16戰鬥機與A-7攻擊機駐紮在這個基地。

沒有戰鬥力的航空部隊

巴拿馬海洋航空服務 Panama National Air-Sea Service

巴拿馬因歷史背景的關係，與美軍有深切的淵源，雖然位於地勢要衝，但空軍卻沒有戰鬥力。在經歷過巴拿馬防衛軍、巴拿馬人民軍等組織調整後，航空部隊與海上部隊於2008年改編為Servicio Nacional Aereonaval（海洋航空服務）。配置了AW139通用直升機、貝爾412通用直升機、C212運輸機、Cessna208通用機、T－35教練機等，主要任務為監視運河安全、搜索救難、監視毒品交易、支援特種作戰，另外還會支援美國海軍第5艦隊。

用來執行特種作戰支援任務與搜索救難任務的AW139。
照片來源：SENAN

CAPABILITY CHART 9 POINTS

●空軍戰力數據

總　數	約30架
戰鬥、攻擊、轟炸、戰鬥直升機等	0架
運輸機	7架
偵查、特種任務、支援機等	15架

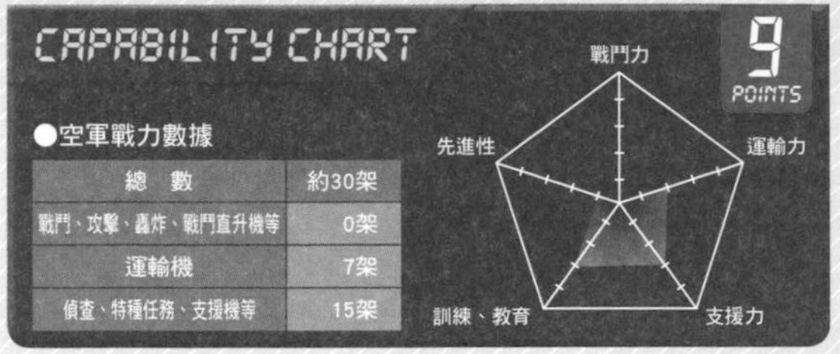

空軍冷知識

義大利、紐約市等各國的警察與執法機關，都將義大利製造的Partenavia P.68作為監視機使用。

執行海上監視任務時，配置的3架戰機都在支援艦艇部隊

巴哈馬國防軍航空團 Royal Bahamas Defence Force Air Wing

巴哈馬王國國防軍的主要任務，是運用艦艇執行監視毒品交易與登船臨檢的任務，巴哈馬更與美國共同聯手打擊這些違法藥物犯罪。巴哈馬國防軍配置的戰機有Partenavia P.68、Beech350、Cessna208B通用機共3架，這些戰機被編列在航空團（Air Wing）中。雖然所有的戰機都是通用機，但這些戰機都用來執行海上監視任務，支援艦艇部隊偵查與捕捉可疑船隻。以前還曾經配置過Aero Commander 500、Cessna404 Titan、Cessna412 Gold Eagle、Peiper PA－31 Navajo通用機等各1架。

巴哈馬國防軍的Partenavia P.68與Cessna208B。
照片來源：Royal Bahamas Defence Force

CAPABILITY CHART 2 POINTS

●空軍戰力數據

總　數	約3架
戰鬥、攻擊、轟炸、戰鬥直升機等	0架
運輸機	0架
偵查、特種任務、支援機等	3架

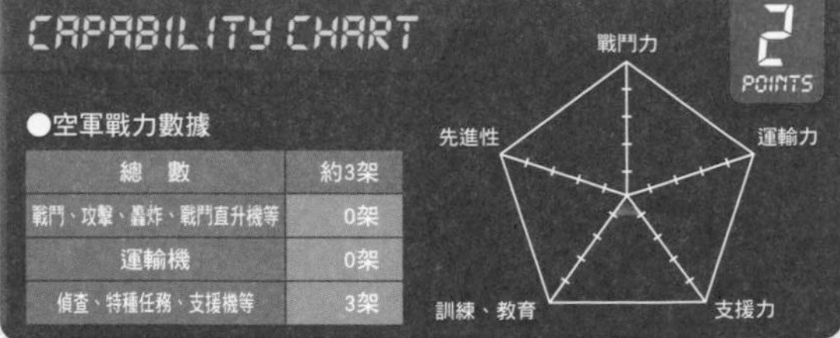

與美國聯手取締毒品

貝里斯國防軍 Belize Defence Force

貝里斯擁有規模約1000人的國防軍，是由2個大隊構成的部隊，主要負責執行維持治安等任務。國防軍配置了1架BN－2B Denfender通用機與1架Slings Bee T－67－260通用機，旗下有空軍聯隊Air Wing，主要將戰機使用於海上監視與監視毒品交易上。到近期為止，還配置在美國緝毒局（DEA）支援下，所獲得的Ayres S2R農業機與UH－1H通用直升機，來執行監視任務，但目前似乎都已經除役。初級訓練主要是以Cessna182J來進行，但目前訓練工作似乎都是委託外部機構。

貝里斯國防軍的BN－2B通用機。 照片來源：Dick Lohuis

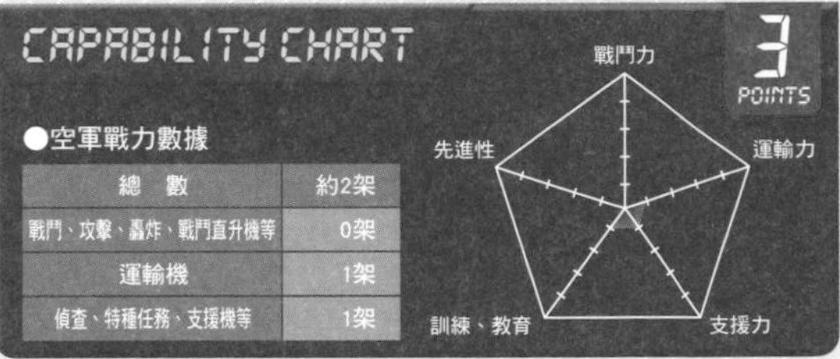

●空軍戰力數據

總　數	約2架
戰鬥、攻擊、轟炸、戰鬥直升機等	0架
運輸機	1架
偵查、特種任務、支援機等	1架

空軍冷知識

在美國緝毒局DEA執行任務時，也會支援DEA的特種部隊，另外美軍也會協助訓練貝里斯國防軍。

以C101輕形攻擊機擊落犯罪組織的運輸機

宏都拉斯空軍 Houduras Air Force

宏都拉斯在1969年的足球戰爭中，出動T－28、F4U、F－51S等戰機，轟炸薩爾瓦多首都機場。駕駛F4U－5 Corsair戰鬥機的艾力克斯上尉，在空戰中擊落薩爾瓦多空軍的1架F－51D Mustang戰鬥機與2架FG－1D（F4U）Corsair戰鬥機。這是歷史上，最後一次敵我雙方都是駕駛活塞引擎戰鬥機的空戰。1987年，宏都拉斯空軍的C－101 Aviojet輕形攻擊機，前去攔截犯罪組織正在走私毒品的C－47運輸機，並且擊落敵機。目前空軍配置8架F－5E／F戰鬥機與10架A／OA－37B輕形攻擊機。

可能有4架C－101 Aviojet輕形攻擊機被作為預備機保管使用。
照片來源：美國空軍

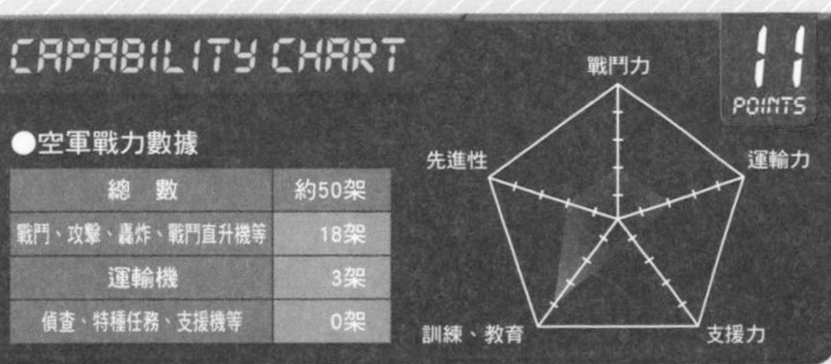

●空軍戰力數據

總　數	約50架
戰鬥、攻擊、轟炸、戰鬥直升機等	18架
運輸機	3架
偵查、特種任務、支援機等	0架

空軍冷知識

A－37B與OA－37B輕形攻擊機，目前預定在以色列的IAI公司，進行升級電子儀器等裝備的工程。

將來世界的空軍戰力會如此改變(1)

可在一天內 往返家庭與戰場的生活

早上在小孩子的歡送之下出門，到基地上班之後，換上飛行服，並坐在螢幕前面。眼前有操縱桿，一邊看著螢幕上的儀表板與風景，一邊操控操縱桿。螢幕上的風景是距離幾萬公里外的西亞山區，這時候操控的是正實際的在當地飛行的無人飛機（UAV）。

坐在旁邊的攝影機操作員，旋轉裝在機體下方的攝影機，藉此尋找目標，今天的目標是恐怖分子的據點。找到可能就是目標的建築物後就進行鎖定，在按下飛彈發射鈕進行攻擊之後，任務就結束了，根本不需要害怕會遭到反擊。即使恐怖分子射擊RPG火箭彈，也不會打中數萬公里外的自己。只要能夠順利的讓UAV回到基地上空，降落的工作只需交接給在當地機場，專門負責起降的無線導航員就行了。這時候只要聽到對方説「I have control（操控權在我手上了）」，就代表作戰飛行結束。到了下班時間就離開基地，順路買了給兒子的生日禮物後就回家。小孩子與家人根本不知道爸爸剛剛攻擊恐怖分子，這就是美國空軍UAV飛行員的現實生活。

目前從美國空軍飛行學校畢業的新人飛行員中，UAV飛行員比戰鬥機飛行員還要多。雖然負責起降的飛行員會被派到當地，但主要執行攻擊任務的飛行員，可以在住家附近的基地通勤。在飛行的時候，可以和站在後面觀看的長官或預備飛行員進行替換，有不懂的事情就可以問別人。而且不會被擊落這種精神上的安心感覺，是無可替代的。

但是「戰場」與「家庭」，彼此混雜在每一天的日常生活中，這樣的的生活會演變成新的精神疾病，因此專業的心理醫生會傾聽飛行員們的煩惱，並且進行治療。

以前飛行員在飛行時，都是透過擁有「男人的浪漫」與「榮耀」等思想來當做精神支柱。今後「不飛上天空」的飛行員，到底需要什樣的精神支柱？美國空軍也正在研究這一點。

照片來源：阿根廷空軍

Section7

全球164國空軍戰力完整絕密收錄

南美洲

空軍也配置國產攻擊機

阿根廷空軍

Argentine Air Force

空軍冷知識

福克蘭戰爭期間，阿根廷Pucara攻擊機曾經以7.62mm機槍擊落英國海軍陸戰隊的scout通用直升機。

阿根廷空軍的幻象IIICJ戰鬥機：自1983年起，輸入了19架以色列空軍曾配置過的這類型戰機。

照片來源：Jose Luis Ghezzi

阿根廷空軍是目前還將世界上已經所剩不多的Douglas A－4 Skyhawk攻擊機配置在第一線的空軍，並且將A－4稱為A－4AR，這是將美國海軍陸戰隊所使用的A－4M，經由洛克希德馬丁公司進行近代化改造的機種，目前配置38架，另外還配置3架雙座型的OA－4AR。

在幻象戰機部分，配置了幻象III EA／DA、幻象V以及將以色列製的幻象III衍生型Nesher改稱為Finger的戰機，這些幻象戰機系列合計配置有20多架，2014年時又從西班牙輸入16架幻象F－1。

阿根廷國內，有1928年時創業，名為FMA的老牌飛機製造公司，空軍也採用這個企業生產的戰機。目前作為輕形攻擊機的IA－58 Pucara是雙引擎渦輪螺旋槳戰機；IA－63 Pamper則是雙引擎渦輪風扇引擎的教練機，阿根廷空軍下訂22架攻擊機機型。

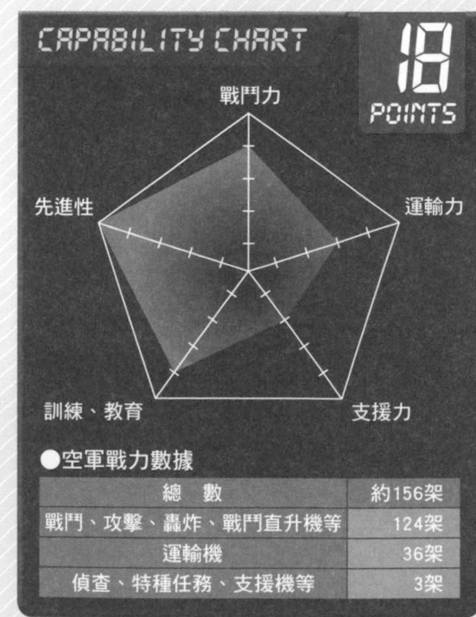

●空軍戰力數據

總　數	約156架
戰鬥、攻擊、轟炸、戰鬥直升機等	124架
運輸機	36架
偵查、特種任務、支援機等	3架

正在選擇新型戰機以汰換掉老舊攻擊機

烏拉圭空軍

Uruguayan Air Force

烏拉圭空軍的IA.58 Pucara攻擊機：1981年時，從阿根廷輸入8架（其中2架採分期付款）。 照片來源：Rafael Maul

烏拉圭空軍的主力是5架A－37B攻擊機與5架A－58（IA－58）Pucara輕形攻擊機，另外還配置5架輕形攻擊機樣式的PC－7教練機。

因A－37B（1976年配置）與A－58（1981年配置）都已經過於老舊，因此正在選擇汰換用的戰機。2013年已經視察過Su－30K戰鬥機與Yak－130輕形攻擊機，有兩家企業也提出販售戰機加訓練飛行員的套裝軍售案。另外的候補機種還有瑞士空軍的F－5E／F戰鬥機、洪都教練－8輕形攻擊機、IA－63 Pamper輕形攻擊機、AMX輕形攻擊機、Rett L－159輕形攻擊機與Super Tucano輕形攻擊機。老舊的C－130B運輸機也面臨必須要汰換的狀況，目前雖然已經暫定配置4架C－212運輸機，但烏拉圭空軍真正想要的其實是C－295運輸機，因此還在考慮而沒有正式決定，除此之外還配置了2架偵察機樣式的C－212。比較特別的是，配置了Rett Blahnik L－13滑翔機作為教育訓練用途。

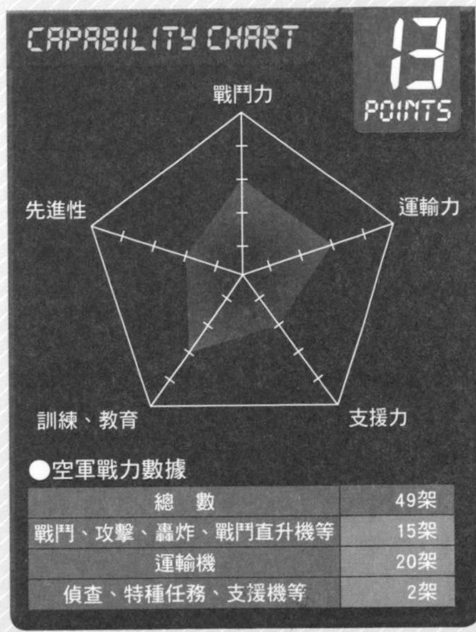

●空軍戰力數據

總　數	49架
戰鬥、攻擊、轟炸、戰鬥直升機等	15架
運輸機	20架
偵查、特種任務、支援機等	2架

空軍冷知識

2013年時，購買了1架以前曾經用來作為主力攻擊機使用的T－6 Texan，並重現當時的塗裝，這架目前仍可飛行的飛機，被烏拉圭空軍作為紀念機保管著，因此，烏拉圭空軍可能是目前全世界唯一擁有T－6的空軍。

配置Cheetah與Kfir兩種幻象系列的戰機

厄瓜多空軍

Ecuadorian Air Force

空軍冷知識

因厄瓜多與美國關係惡化的關係，至2009年為止就不再讓美軍繼續使用曼坦空軍基地，美軍就只好撤離。目前厄瓜多與美國的關係還是不佳。

厄瓜多空軍的Atlus Cheetah C戰鬥機：這是受到禁運制裁的南非，從各國收集零件組裝而成的戰機。

照片來源：厄瓜多空軍

厄瓜多空軍使用由幻象戰鬥機衍生出來，經以色列與南非製造的兩種幻象系列戰鬥機。目前配置12架IAI公司的Kfir C.2／C.10、1架雙座型的TC.2，以及10架Atlus公司製造的Cheetah C與2架Cheetah D，Cheetah戰鬥機目前在進行延長使用壽命的改造。在輕形攻擊機方面，讓長年使用的A－37B除役，並改配置EMB314 Super Tucano，至2013年年底為止，已經陸續配置了17架。

1995年，厄瓜多為了爭奪亞馬遜的石油蘊藏地，而與祕魯爆發塞內帕河戰爭。為了報復祕魯的攻擊，厄瓜多空軍出動A－38B對祕魯展開地面攻擊，Kfir戰鬥機並於2月10日擊落祕魯空軍的A－37。隸屬厄瓜多的幻象F.1JA戰鬥機，也擊落2架Su－22。雖然這場戰爭最後透過政治的方式解決，但雙方都主張自己在這場戰爭中獲勝。實際上祕魯進行的轟炸次數雖然較多，但是厄瓜多受到的實際損害其實很少。

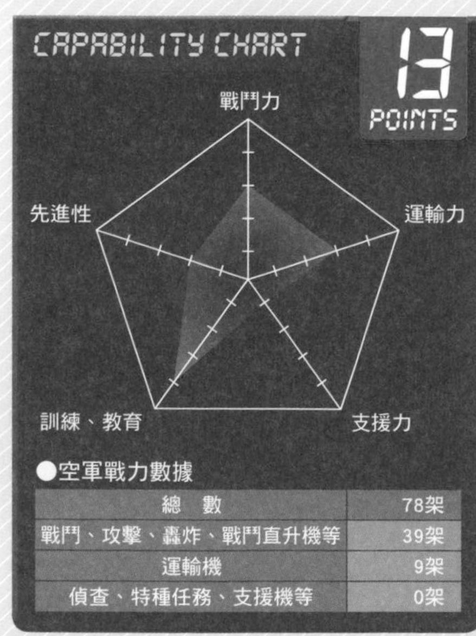

●空軍戰力數據

總　數	78架
戰鬥、攻擊、轟炸、戰鬥直升機等	39架
運輸機	9架
偵查、特種任務、支援機等	0架

開始由中國人民解放軍支援教訓練任務

蓋亞那國防軍航空隊

Guyana Defence Force Air Corps

自2002年起開始配置的運－12運輸機：由中國人民解放軍於2012年開始，對蓋亞那支援的相關的教育訓練任務。

照片來源：Nell Jones－Angels－20

空軍冷知識

蓋亞那與委內瑞拉及蘇利南之間存在著國境問題，但並沒有因此爆發大規模戰鬥，而空軍戰機似乎也沒有在實戰中提供相關的支援。

蓋亞那為了支援包含後備軍人在內，規模達到1400人之地面部隊的運輸任務而配置戰機。

蓋亞那國防軍航空隊的攻擊力，有1架Shorts Skyvan SC－7運輸機、1架哈爾濱運－12運輸機之外，還配置2架貝爾206通用直升機與1架貝爾412作為多用途機使用。除此之外，還配置美國Rotorway公司所生產的Exec直升機作為教練機。

航空隊的人員約為100人，這是南美洲規模最小的空軍。近年來，4架Mi－8運輸直升機與7架BN－2A Islnader運輸機陸續除役，運輸能力一口氣下降許多。旋翼機教育訓練工作在國內進行，定翼機的教育工作，則似乎是交給外部機關負責。

2012年起，與中國人民解放軍及相關企業合作，在當地進行運－12的駕駛教育支援任務，今後中國與蓋亞那可能會有更進一步的合作。

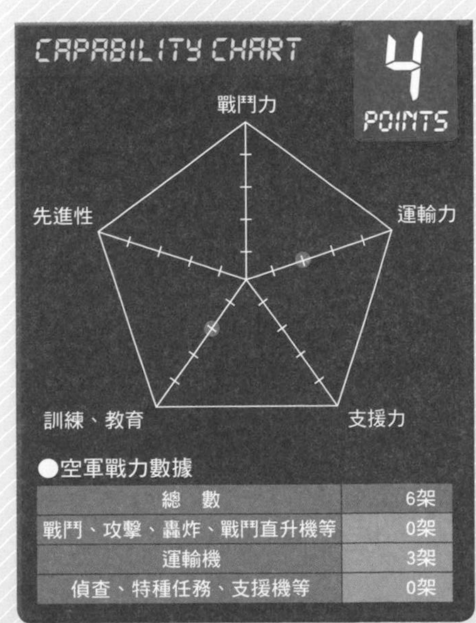

●空軍戰力數據

總 數	6架
戰鬥、攻擊、轟炸、戰鬥直升機等	0架
運輸機	3架
偵查、特種任務、支援機等	0架

繼續對國內多個反政府勢力發動攻勢

哥倫比亞空軍

Colombian Air Force

空軍冷知識

反政府勢力配置用來運輸毒品的Beech250等戰機，並且將其藏在叢林裡。空軍的A－37至少實施過兩次地面攻擊，並成功地破壞了這些戰機。

哥倫比亞空軍的Kfir C.7戰鬥機：這是有2個掛點，並且增設引擎的以提昇戰鬥力機型。

照片來源：Szabo Gabor

哥倫比亞國內有許多反政府勢力（其中有2個組織的規模較大），並透過毒品等賺取資金來配置強大的武器。哥倫比亞軍自1968年以來，就一直在對抗反政府勢力，空軍為了支援地面部隊，而派遣輕型攻擊機等戰機實施攻擊。尤其在1999年7月與2012年12月，都實施了長達數天的轟炸任務。

哥倫比亞空軍雖然配置19架Kfir戰鬥機，但空軍的戰鬥主力還是以提供空中支援的攻擊機為主。目前配置6架BT－67砲艇機、9架OV－10觀測・輕型攻擊機、8架A－37與24架EMB－314輕型攻擊機。

UH－60L通用直升機另外還掛載了火箭、mini gun、FIRR等武器，外表就像是美國陸軍的MH－60M（DAP）特種作戰直升機。此外，還在UH－1H通用直升機上，掛載非殺傷性武器——LARD聲波武器，這是在全世界其他空軍中，還沒有過前例的使用方法。

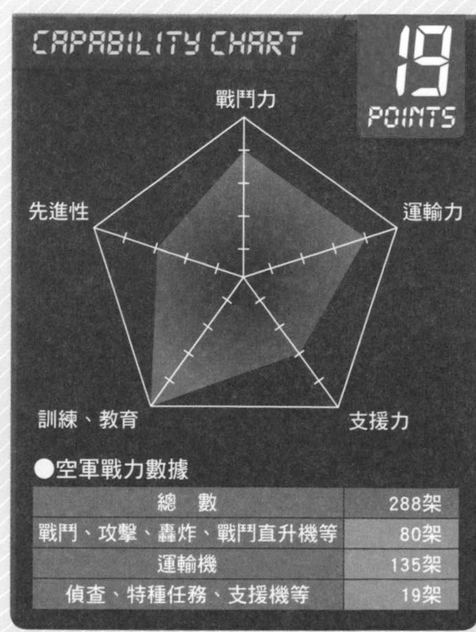

●空軍戰力數據

總數	288架
戰鬥、攻擊、轟炸、戰鬥直升機等	80架
運輸機	135架
偵查、特種任務、支援機等	19架

南美洲最小的空軍，透過從印度購買直升機來努力重建

蘇利南空軍

Suriname Air Force

於2005年被拍攝到的蘇利南空軍C－212－400運輸機，照片後方的C－212是海上監視機型，目前這兩架運輸機可能都已經無法運作。

照片來源：Maecel de Jong

蘇利南空軍是200人的小規模空軍，主要的任務是運輸地面部隊、國境巡邏與搜索救難等。尤於國內犯罪組織會走私，因此海上監視也是任務之一。以前曾經將貝爾205通用直升機、PC－7教練機、休斯500通用直升機改造成攻擊機型，藉以維持針對國內武裝勢力的空軍戰力，但近年來這些戰機可能因為缺乏預備替換零件的關係，而已全數除役。

1998年起配置的2架C－212－400的其中1架，是裝備了水面雷達的海上監視（MPA）機。但是在幾年前，有1架（可能是運輸機型）已除役，而被作為替換零件用的機體，但有情報指出另一架也已經在最近除役。2014年起，從印度的HAL公司輸入3架Dhruv通用直升機，飛行員與維修人員同時在HAL公司的學校接受教育訓練。

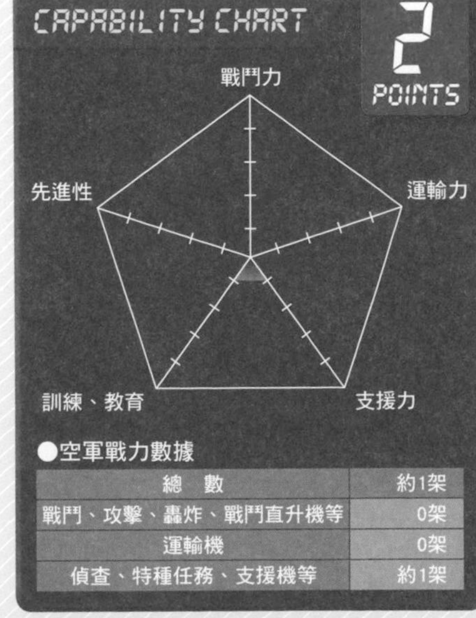

●空軍戰力數據

總　數	約1架
戰鬥、攻擊、轟炸、戰鬥直升機等	0架
運輸機	0架
偵查、特種任務、支援機等	約1架

空軍冷知識

蘇利南與蓋亞那之間，存在著位於科蘭太因河之國境邊界線，與延伸出去的海洋邊界線上的國境問題，但雙方似乎還沒有陷入交戰狀態。

將以色列製的飛彈掛載於F－16戰鬥機上

智利空軍

Chilean Air Force

空軍冷知識

智利空軍旗下一部分的DHC－6運輸機，被配置在距離本土基地約1250公里的南極喬治王島，主要用來支援南極觀測隊的運輸任務。

智利空軍的F－16AM（MLU）：已經透過改造，將性能提升到Block 5x（50番台）（註8）的水準。 照片來源：智利空軍

智利空軍的主力戰鬥機是35架F－16，自2005年開始配置F－16AM／BM與f－16C／D（Blk.50）。雖然F－16AM／BM算是比較老舊的戰機，但是在移交給智利空軍時，是已經將性能提升為與Block.50相同的MLU機型。

智利空軍不只讓這些F－16掛載F－16的標準武器——AIM－9飛彈，還掛載以色列製造的Derby與Python V短程空對空飛彈。1981年起，除配置20架C101攻擊機（智利空軍將單座型稱為A－36，雙座型稱為T－36）外，還配置8架F－5E／F，這些F－5E／F是已經在以色列的IAI公司進行過性能提昇，被稱為「Tiger III」的機型。初級教練機使用的是智利企業Elena公司生產的T－35 Piran，這是以美國的Peiper PA－23為基礎，改為直列式雙座的機體。在配置新型戰機這方面，目前預定配置6架Embraer KC－390空中加油機。

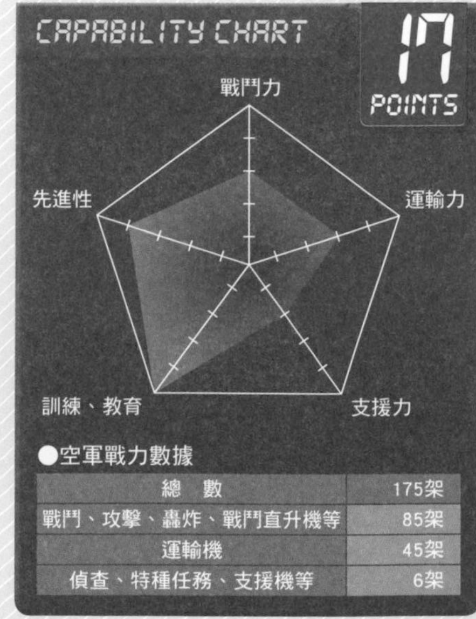

●空軍戰力數據

總　數	175架
戰鬥、攻擊、轟炸、戰鬥直升機等	85架
運輸機	45架
偵查、特種任務、支援機等	6架

在中華民國協助之下，加強空軍戰力

巴拉圭空軍

Paraguayan Air Force

巴拉圭空軍的EMB－312 Tucano輕形攻擊機，主翼下方的掛點掛載著2連裝機槍夾艙。　照片來源：巴拉圭空軍

空軍冷知識

巴拉圭空軍另外配置的9架AS－350通用直升機，這是由巴西的Helibras所仿製HB－350 Eskuiro機型而來的名稱。

巴拉圭之前因為一直是由軍事政權統治的關係，因此長久處於政權不穩定的狀態，但目前已成為民主國家，且跟鄰國關係良好，所以不需強大的空軍戰力。原本配置12架的F－5E／F戰鬥機與攻擊機型T－6G都已除役，目前巴拉圭空軍的戰鬥力就是6架EMB－312 Tucano輕形攻擊機，每一架戰機的主翼下方，都能夠掛載2連裝機槍夾艙。飛行員的教育訓練，主要是使用Elena T－35 Piran教練機。運輸機的部分，則是有4架C－212運輸機與2架Cessna208B通用機。而空軍配置的9架UH－1H，全都是用來支援陸軍的戰術運輸，似乎沒有當做砲艇機使用的跡象。目前為了強化戰鬥力，而計畫配置EMB－314 Super Tucano輕形攻擊機。

巴拉圭是南美洲唯一與中華民國有邦交的國家，巴拉圭空軍所用的F－5E／F戰鬥機與T－33A教練機，都是中華民國空軍以前使用的戰機，一部分的UH－1H則是中華民國授權組裝，過去由中華民國陸軍所使用的戰機。

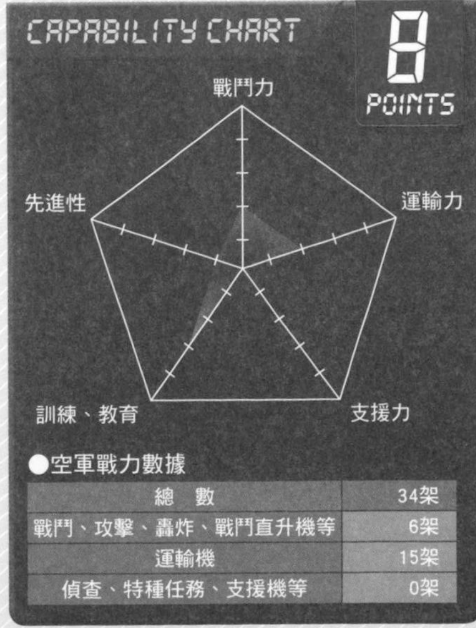

●空軍戰力數據

總　數	34架
戰鬥、攻擊、轟炸、戰鬥直升機等	6架
運輸機	15架
偵查、特種任務、支援機等	0架

大量採用國產戰機，具備南美洲最強大的空軍戰力

巴西空軍

Brazilian Air Force

巴西空軍的F－5EM戰鬥機：具備相當於已經進行過近代化改造的F－5S之性能。 照片來源：巴西空軍

空軍冷知識

推薦疾風戰鬥機Rafale作為巴西空軍下一代戰機的法國政府，提出了只要巴西空軍下訂單購買Rafale，就會同時向巴西購買10架巴西製的C－390運輸機，這種條件優渥的交換條件。因此，Rafale有可能會成為巴西空軍下一代配置的戰機。

2013年12月，一直在選擇下一代戰鬥機的巴西空軍，終於決定採用JAS39C／D Gripen戰鬥機，當時的候補還有Rafale與F／A－18E／F，目前決定從2018年起開始進行移交。從1976年開始，陸續配置的F－5E／F中，有36架是全新品，24架是美國空軍的舊戰機，15架是瑞士空軍的舊戰機。部分的戰機後來換裝新的雷達等電子儀器，駕駛艙完全變成數位儀表版，並改造成能夠掛載雷射導航炸彈與以色列製Derby空對空飛彈，機種名稱也改為F－5EM／FM。這種戰機，因為裝置電子儀器所需的空間增加，進而拆除機砲。還配置了共53架國產的AMX A－1／B攻擊機與RA－1戰鬥偵察機，除此之外，也配置99架巴西國內Embraer公司生產的A－29A／A－29B Super Tucano輕形攻擊機。另外，已下單訂購28架Embraer公司正在研發的KC－390運輸・空中加油機，這些新戰機會在2015年開始配置。

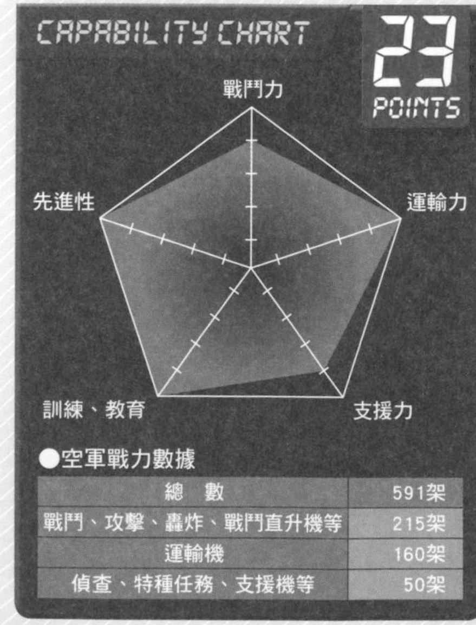

●空軍戰力數據

總　數	591架
戰鬥、攻擊、轟炸、戰鬥直升機等	215架
運輸機	160架
偵查、特種任務、支援機等	50架

因與美國的關係惡化，而改配置俄羅斯戰鬥機

委內瑞拉空軍

Venezuelan Air Force

委內瑞拉空軍的Su－30MK2戰鬥機：委內瑞拉空軍希望能夠追加簽下Su－35的契約。 照片來源：委內瑞拉空軍

空軍冷知識

委內瑞拉以VF－5A這個名稱，配置加拿大國防軍曾使用的CF－116（CF－5A）戰鬥機，由假想敵部隊使用，來進行訓練的支援，目前這些戰機可能剩下幾架。

委內瑞拉空軍從1983年開始，配置24架F－16A／B，因為這些F－16是較舊Block15型，因此希望能和美國購買更新型的戰機，但卻遭到美國拒絕。後來委內瑞拉與美國的關係惡化，美國提出停止通商的通知。雖然委內瑞拉以「我國將把F－16賣給伊朗」的方式來威脅美國，但美國還是不同意委內瑞拉購買更多的F－16，於是委內瑞拉就透過減少石油交易量來對抗美國。委內瑞拉空軍在F－16A／B本身的預備更換用零件與美國製飛彈的預備零件短缺之前，就從俄羅斯輸入Su－30MK2戰鬥機，並在以色列的支援下，在F－16上配置Lightning II瞄具夾艙與Payton IV短程空對空飛彈。目前持續與俄羅斯交涉關於Su－35戰鬥機的購買契約，可能會簽下高達24架的訂購契約。地面攻擊武力方面，配置14架洪都教練－8VV輕形攻擊機，而且另外又下訂9架，VV型是在教練－8上，裝備線控飛行系統的最新機型，並再配置5架安裝夜視裝置，提昇性能的OV－10A Bronco攻擊機。

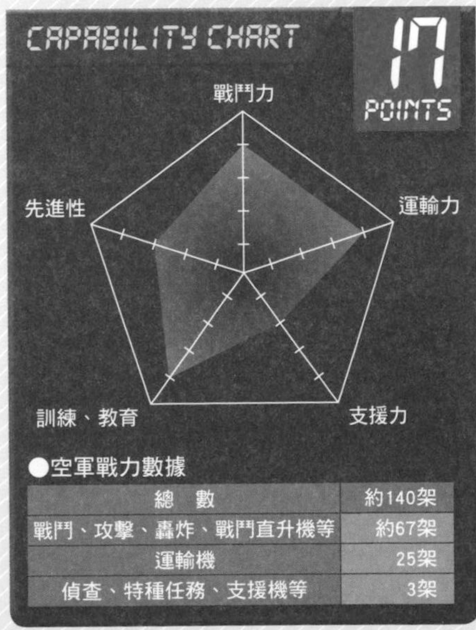

●空軍戰力數據

總　數	約140架
戰鬥、攻擊、轟炸、戰鬥直升機等	約67架
運輸機	25架
偵查、特種任務、支援機等	3架

下單訂購颱風戰鬥機Eurofighter來汰換Su－22

祕魯空軍

Peruvian Air Force

空軍冷知識

自2014年起，配置10架韓國製造的KAIKT－1P教練機與10架KA－1輕形攻擊機來汰換Tucano教練・輕形攻擊機，KT－1這款攻擊機也獲得印尼與土耳其採用。

祕魯空軍所使用的Su－22UM戰鬥機：目前已經除役，這架戰機（027號機）則變成展示機。

照片來源：Eduardo Caedenas Suyo

祕魯空軍與鄰國厄瓜多，長久以來都處於敵對關係。在帕克伊夏戰爭與塞內帕河戰爭中，祕魯空軍派遣受幻象V戰鬥機護航的Su－22戰鬥轟炸機，與A－37攻擊機組成的地面攻擊部隊先行攻擊敵人，雖然成功的摧毀目標，但卻被厄瓜多戰鬥機的空對空飛彈擊落5架戰機。另外，在針對國內兩大反政府勢力的戰鬥之中，空軍協助地面部隊實施運輸支援，並且派出直升機提供空中支援。

代表祕魯空軍戰鬥主力長達30年的Su－22M／UM戰鬥機，自2006年起變為保管狀態，似乎在2012年時正式除役。目前的主力是19架MIG－29／SE／SEMP／UMP戰鬥機，2009年起配置了9架幻象2000P／DP戰鬥機，並且已經跟西班牙正式下單訂購16架Eurofighter（Tranche 1）。攻擊機方面，配置了18架性能已經經過提昇的Su－25／UB，以及包含8架韓國空軍曾使用過合計12架的A－37B攻擊機。

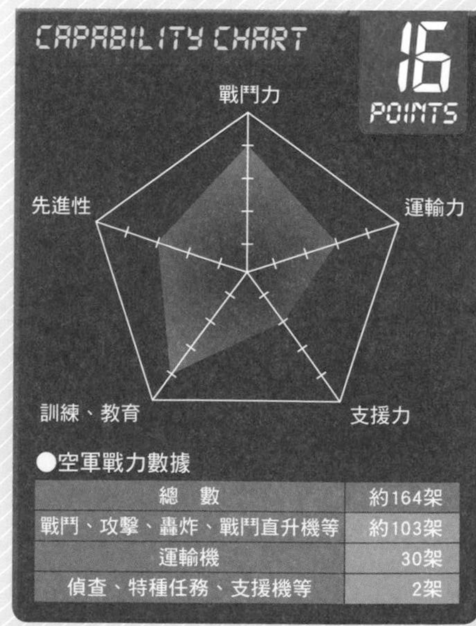

●空軍戰力數據

總　數	約164架
戰鬥、攻擊、轟炸、戰鬥直升機等	約103架
運輸機	30架
偵查、特種任務、支援機等	2架

不論從哪一點來看，在世界上都是非常特殊的空軍

玻利維亞空軍

Bolivian Air Force

玻利維亞空軍的T－33Mk3輕形攻擊機：第一代的噴射戰鬥機，在經過了60年之後，目前還是主力。

照片來源：玻利維亞空軍

空軍冷知識

玻利維亞空軍旗下有一個名為TAM，由空軍經營的航空公司，這家公司使用波音737客機等20架飛機從事定期運輸事業，但機體的登陸編號還是屬於空軍藉。

玻利維亞空軍在1973年到1993年之間，配置委內瑞拉空軍曾使用的F－86F戰鬥機，是全世界最後一個使用Sabre戰鬥機的空軍。但是，委內瑞拉空軍從此之後就不再配置戰鬥機，目前的戰鬥力就是6架洪都教練－8VB輕形攻擊機，與4架改裝成輕形攻擊機的PC－7教練機。依照數量來看，配置的14架T－33Mk.3輕形攻擊機才是目前的主力。

這些戰機，是將原為加拿大國防軍配置的CT－133 Silver Star Mk3教練機，改裝成武裝型的Mk3AT。玻利維亞空軍可能是世界上最後一個使用，以P－80 Shooting Star戰鬥機為主力戰機的空軍，也是世界上唯一還在使用第一代噴射戰鬥機的空軍。

除此之外還配置Foxtrot4、Tango XR等自製的小型飛機作為初級教練機，以及Robinson R－22／R－44教練直升機等，這是其他國家的空軍所沒有的配置特徵。

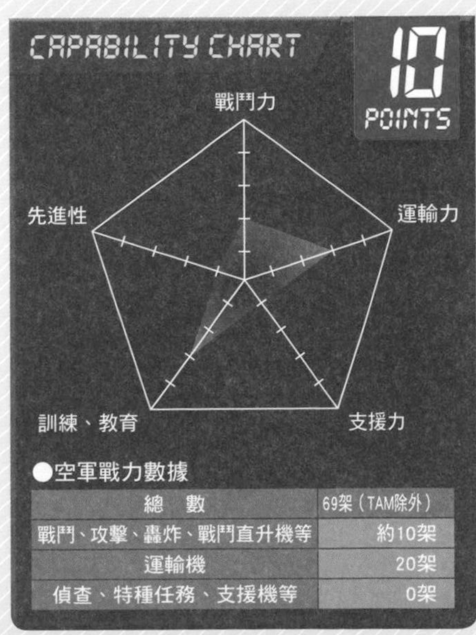

●空軍戰力數據

總　數	69架（TAM除外）
戰鬥、攻擊、轟炸、戰鬥直升機等	約10架
運輸機	20架
偵查、特種任務、支援機等	0架

將來世界的空軍戰力會如此改變(2)

隱形機與無人飛機將改變空軍

從全世界第一架實用隱形戰鬥機F－117誕生到現在，已經過了30年，但到目前為止，已經實用化的隱形戰鬥機只有F－22與F－35。雖然俄羅斯正在研發T－50，中國也正在研發殲－20、殲－22與試製戰機，但實際上隱形戰機並非只要設計成能夠吸收電波的外型就行了，如果使用能夠讓電波穿過的材質，或是控制引擎放出來的熱量，就能夠提昇隱形性能。

由歐洲的雷達製造商Thales所開發出來的電子掃描陣列雷達APAR，已經實際測量到F－22隱形戰鬥機詳細的反射數據，由此證明了隱形戰機的設計並非是萬能的。飛機製造商只從形狀追求隱密性的時代已經結束，今後將透過引擎、素材與搭載的偵測器來提高隱密性。目前大概只有俄羅斯能夠追隨上這股潮流，而只能稍微仿製隱形戰機試製機的中國，目前處於連高性能的渦輪引擎，都還沒有辦法國產的狀況。尤於隱形戰鬥機的造價昂貴，因此採用的國家應該不多，但如果中國能夠開發出造價便宜、性能優秀的隱形戰鬥機，說不定就會影響到全世界。

目前的另一個潮流就是戰鬥用無人戰鬥機UAV，目前的UAV都只用來執行地面攻擊與偵察任務，但將來一定會出現有戰鬥機大小的隱形無人戰鬥機，以及取代B－2轟炸機的UAV大型轟炸機。雖然目前第五代戰鬥機才剛開始登場，下一代（第六代）戰鬥機的趨勢還不明朗，但是第六代噴射戰鬥機，很有可能就是無人戰鬥機。看來在未來的地球上，可能看不到電影「星際大戰」中登場的有人戰鬥機了。

波音公司正在開發的無人戰鬥機——「Phantom Ray」。
照片來源：Boeing

照片來源：澳大利亞空軍

Section8

全球164國空軍戰力完整絕密收錄

大洋洲

與日本為安全同盟合作，強化兩國彼此的默契

澳大利亞空軍

Royal Australian Air Force

澳大利亞空軍的F／A－18F戰鬥攻擊機：其中12架勢F／A－18+機型，預定要改造成EA－18G。

照片來源：柿谷哲也

空軍冷知識

澳大利亞空軍的AP－3C部隊與日本海上自衛隊的P－3C部隊，會透過共同演習來促進彼此的默契，而且澳大利亞空軍的AP－3C偶而還會飛到厚木基地。

澳大利亞致力於東亞的安全保障，與東南亞和西太平洋國家的安全問題與政變有關。近年則是與日本有安全保障關係。

雖然周圍沒有造成威脅的國家，但是自1921年成立以來，就一直在配置戰鬥機。目前的主力戰機是71架F／A－18A／B戰鬥機，2010年配置的24架F／A－18F戰鬥攻擊機，是用來汰換F－111C／G戰鬥轟炸機用的戰機，其中有12架預定要改造成EA－18G Growler。

目前已經決定配置F－35A戰鬥機，作為F／A－18A／B的後繼戰機，現在已經下單訂購72架。另外從2013年開始，配置5架KC－30A空中加油機，這就是有空中巴士之稱的A330MRTT空中加油機。

在預警機方面，從2011年開始配置6架E－7A Wedge Tale，這就是B737 AEW&C（波音737空中預警管制機，亦稱E-737或E-7A「楔尾鷹」）。海上偵察任務也由空軍負責，配置的19架AP－3C偵察機，就是用來執行這個任務。

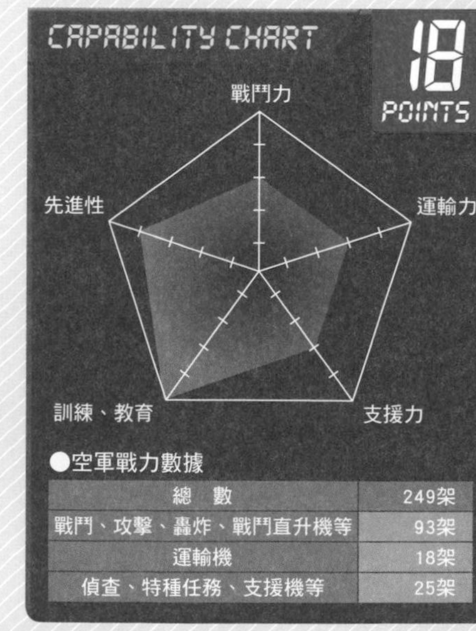

●空軍戰力數據

總　數	249架
戰鬥、攻擊、轟炸、戰鬥直升機等	93架
運輸機	18架
偵查、特種任務、支援機等	25架

澳大利亞空軍在韓戰期間，駐紮於日本岩國基地，並使用P－51 Mustang執行引導聯合國軍戰機與空中警戒的任務。

帶領兩側Hawk127教練機飛行的F／A－18A戰鬥機，這些戰機也參與過伊拉克戰爭。 照片來源：柿谷哲也

在1950年爆發的馬來亞紛爭中，澳大利亞空軍的Avro Lincoln轟炸機從新加坡與吉隆坡出擊，轟炸馬來亞共產黨軍，1958年時更派出了Canberra轟炸機。Canberra轟炸機也曾經參加過越戰，澳大利亞空軍在越戰期間，同時也派遣了DHC－4 Caribou運輸機與UH－1B通用直升機。而伊拉克戰爭期間，則是派遣過14架F／A－18A／B戰鬥攻擊機執行地面攻擊等任務。雖然澳大利亞空軍沒有派遣航空部隊前往阿富汗，但是移動管制部隊確曾被派遣到阿富汗。澳大利亞空軍在1973年到2010年之間，是美國以外唯一使用F－111戰鬥機的國家，雖然配置了40多年，但是都沒有投入實戰之中，不過在2006年時，曾由F－111C使用2000磅雷射導航炸彈，將因毒品交易而被扣留的北韓貨船「彭斯」，進行擊沉處分。最近則是派遣AP－3C偵察機，與美國海軍、日本海上自衛隊及韓國海軍一起搜索失蹤的馬來西亞航空客機。

機體上方裝有電子掃描陣列雷達的E－7A Wedge Tale預警管制機。 照片來源：柿谷哲也

前去搜索失蹤的馬來西亞航空客機的AP－3C偵察機。 照片來源：澳大利亞空軍

儘管首相希望能在目前澳大利亞海軍導入的坎培拉級兩棲突擊艦上配置F－35B，並要求將此事列於國防白皮書中。然而，由於機體造價昂貴，未來要改造亦須編列龐大預算，因此不得不放棄此計畫。

空軍冷知識

因除役的A－4K，是曾進行過被稱為Kahu升級改造的高性能戰機，因此被出售給美國的民間契約公司，該公司則使用這種戰機對軍方提供模擬服務。

周圍完全沒有會威脅自己的他國空軍

紐西蘭空軍 Royal New Zealand Air Force

紐西蘭因為周圍沒有威脅的關係，因此在2005年讓A－4K攻擊機與MB339輕形攻擊機除役，成為自1913年成立以來，第一次完全沒有戰鬥力的空軍，因此防空由澳大利亞空軍負責。配置6架P－3K偵察機用來執行海上偵察任務，這些P－3K即將實施近代化改造變成P－3K2。另外，還預定要對C－130H運輸機實施針對防空武器之自衛配置的改造計畫（MANPAD）。2014年起，配置了T－6C教練機，這些教練機要用來汰換CT－4E教練機。目前搭載在海軍巡防艦上的SH－2G偵察直升機，也隸屬於空軍。

紐西蘭空軍的P－3K偵察機：這是從P－3B改造的P－3升級II機型。
照片來源：柿谷哲也

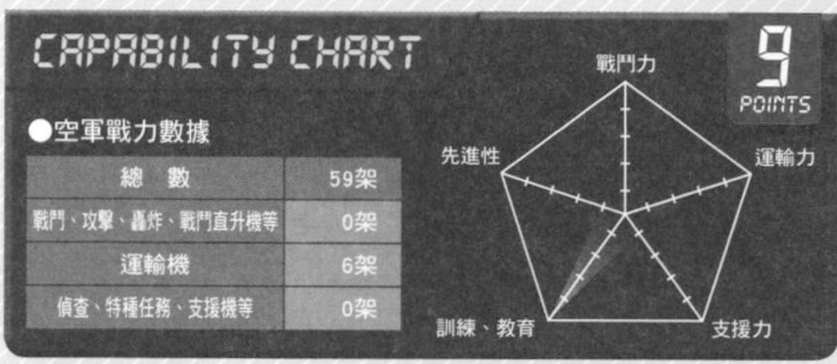

●空軍戰力數據

項目	數量
總　數	59架
戰鬥、攻擊、轟炸、戰鬥直升機等	0架
運輸機	6架
偵查、特種任務、支援機等	0架

空軍冷知識

巴布亞新幾內亞與鄰國印尼之間有很長的國境，但雙方保持良好的關係。唯一的運輸機CN－235也是從印尼輸入的。

因缺乏預算，導致機體持續損耗

巴布亞新幾內亞航空作戰部 Papua New Guinea Air Operations Element

巴布亞新幾內亞於1975年，脫離殖民國澳大利亞獨立。因為這層關係，澳大利亞軍提供裝備協助巴布亞新幾內亞成立國防軍，而巴布亞新幾內亞運用航空器的部隊就稱為航空作戰部。

長久以來擔任主力的Nomad N22海上偵察機與IAI Alaba運輸機，可能都因為預算的問題而已經除役。目前的主力，是用來運輸規模2000人之地面部隊的UH－1H通用直升機，與搜索救難用的UH－1H通用直升機，國防的許多部分都仰賴澳大利亞軍。

巴布亞新幾內亞航空作戰部的UH－1H通用直升機，這原本是澳大利亞空軍的直升機。
照片來源：巴布亞新幾內亞防衛軍

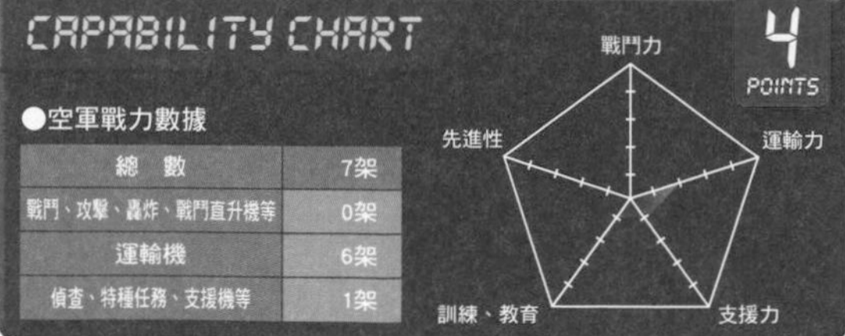

●空軍戰力數據

項目	數量
總　數	7架
戰鬥、攻擊、轟炸、戰鬥直升機等	0架
運輸機	6架
偵查、特種任務、支援機等	1架

Air Force Column 圓形標誌

本書所介紹的國籍標誌，被稱為「圓形標誌」。這種標誌會畫在航空器的機翼或機體上，是表示該航空機隸屬單位的標誌，但國際上並沒有統一管理這種標誌的機構，而是由各國或各個機構自行決定的。有些國家不會畫上國籍標誌，而是在垂直尾翼上畫上國旗或稱為Fin flash的標誌。上面的國籍標誌，也是實際存在的圓形標誌（由左至右分別為杜拜政府、聖多美普林西比政府、哥斯大黎加政府、車臣共和國、主張已經從索馬利亞獨立的索馬利蘭、部分參加NATO之ISAF戰機所畫的標誌）。

＊相關資料出自：Roundels of the world

這架An－26運輸機的圓形標誌是「？」標誌。雖然乍看之下，根本看不出來是隸屬於哪一個單位的戰機，但是從機體上的編號可以看出是美國民間的運輸機，但其實這一架運輸機是隸屬於美國空軍第6特種作戰飛行群，是從民間借用的運輸機。由於美國軍機比較醒目，因此如果是要把特種部隊運輸到的其他國家時，就可以透過消去「？」標誌，標上小小的編號，或是漆上更多的顏色，來混入民航機中。能夠以這種方式運用戰機，也可以說是「空軍戰力」的一部分。（2006年，筆者拍攝於佛羅里達州Hurlburt Field基地）

●本書所使用的主要網站・參考文獻

各國國軍網站／各飛機製造公司網站／各新聞媒體／Global Security／FAS／Wikipedia／CIA country analusts／F－16.net／AIR LINERS NET／AIR FIGHTERS NET／Roundels of the world／Scramble／forum key publishing／日本外務省網站／UN／NATO／Google Earth／World Air Force Directioy 2013 MACH III Publishing by Ian Carroll／FLIGHT INTERNATIONAL Special Report WORLD AIR FORCE 2014／航空FAN 圖片集No.41／J Wing 2011年7月號／IRIAF2010 by Tom Cooper／其他資料等

國家圖書館出版品預行編目資料 CIP

世界空軍圖鑑：全球 164 國空軍戰力完整絕密收錄！/
柿谷哲也作；方郁仁譯 .. -- 初版 . -- 新北市：大風文創
股份有限公司 , 2024.05
面；公分
ISBN 978-626-98000-7-0（平裝）

1.CST：空軍

598 113003149

軍事館 006

世界空軍圖鑑：
全球 164 國空軍戰力完整絕密收錄！
【暢銷好評版】

作者／柿谷哲也
譯者／方郁仁
特約編輯／白宜平
審訂／吳昌樺
主編／王瀅晴
封面設計／亞樂設計有限公司
排　版／菩薩蠻數位文化有限公司
出版企劃／月之海
發行人／張英利
行銷發行／大風文創股份有限公司
電話／ (02)2218-0701
傳真／ (02)2218-0704
E-Mail ／ rphsale@gmail.com
Facebook ／大風文創粉絲團
www.facebook.com/rainbowproductionhouse
地址／ 231 新北市新店區中正路 499 號 4 樓

台灣地區總經銷／聯合發行股份有限公司
電話／ (02)2917-8022
傳真／ (02)2915-6276
地址／ 231 新北市新店區寶橋路 235 巷 6 弄 6 號 2 樓

港澳地區總經銷／豐達出版發行有限公司
電話／ (852)2172-6513
傳真／ (852)2172-4355
E-mail ／ cary@subseasy.com.hk
地址／香港柴灣永泰道 70 號柴灣工業城第二期 1805 室

ISBN ／ 978-626-98000-7-0
初版一刷／ 2024.05
定價／新台幣 380 元

【附錄】

P7 註1

目前採用先進中程空對空飛彈（AMRAAM）。

P24 註2

詳細型號為為J-11A、Su－35S。
Su－30MKK目前數量為73架。
Su－35S目前數量為24架。

P30 註3

詳細型號為為F-CK-1BMLU、F-CK-1AMLU。

F－C－K1目前數量為131架。
F－16A／B（Blk.20）目前數量為150架。
幻象2000－5EI／D目前數量為60架。

P54 註4

詳細型號為AS365N2與AS355F-2。

P81 註5

2000C目前數量為20架。
2000－5F目前數量為30架。
2000D目前數量為60架。
2000N目前數量為40架。

P82 註6

根據目前資訊，法國空軍的F－1C已全數除役。

P113 註7

根據目前資料確認，北韓也在2000年購入了MiG-31戰鬥機。

P180 註8

Block5x(50番台)：根據目前資料顯示，經過MLU壽命中期性能提升後的F-16AM，擁有和Block.50／52相同的優秀性能。